ELEANOR RUSSELL

Zu Hause bei Nuno Oliveira

Documenta Hippologica

Darstellungen und Quellen zur Geschichte des Pferdes

Begründet von
Oberst H. Handler, H. J. Köhler,
E. v. Neindorff, Dr. B. Schirg,
Oberst W. Seunig, Dr. W. Uppenborn,
Dr. G. Wenzler

Herausgegeben von
Brigadier K. Albrecht †, Spanische Hofreitschule,
General P. Durand, Cadre Noir,
Prof. E.-H. Lochmann,
Dr. N. Záliš, T. Frei

Olms Presse
Hildesheim · Zürich · New York
2007

Eleanor Russell

Zu Hause bei Nuno Oliveira

Momente und Ansichten aus dem täglichen Training

aus dem Englischen von
Sigrid Eicher

Olms Presse
Hildesheim · Zürich · New York
2007

Reitkunst ist vollkommenes Verstehen
und Harmonie zwischen Pferd und Reiter.

Diese Harmonie erlaubt dem Pferd,
ohne Verspannungen und Blockaden in
Muskeln oder Gelenken zu arbeiten,
was es befähigt, alle Bewegungen mit
geistiger und körperlicher Lust,
Losgelassenheit und im Takt
auszuführen.

Nuno Oliveira

Inhalt

Einführung ... 9
Allgemeine Kommentare ... 11
Der Reiter ... 13
Die Hilfen ... 17
Kreuz, Sitz und Gewicht ... 17
Die Schenkel des Reiters ... 19
Sporen/Reiterhand ... 22
Die Bewegungen des Pferdes ... 28
Arbeit an der Longe ... 36
Junge Pferde ... 40
Das Pferd entspannen ... 42
Halten und Rückwärtsrichten ... 45
Zirkel ... 49
Zirkel und Schlangenlinien ... 51
Mit dem Schulterherein beginnen ... 53
Schulterherein ... 56
Traversale ... 61
Auge, Maul und Kiefer ... 68
Kadenz und Schwung ... 75
Leichtheit und Versammlung ... 78
Die Mittellinie ... 81
Die Pirouetten ... 83
Die Piaffe ... 87
Die Passage ... 91
Die Pilaren ... 93
Spanischer Schritt ... 97
Die Reitstunde ist beendet ... 99
Loben ... mit viel Liebe ... 100

Die Pferde auf den Fotos sind: ***Soante*** *(der Schwarzbraune),* ***Bunker*** *(der größere Fuchs) und* ***Balet***

Einführung

Nuno Oliveira ... Für die Mehrheit der Pferdeleute sagt dieser Name alles!

Geboren in Portugal am 25. Juni 1925, begann Nuno Oliveira bei Meister Joaquin Gonzales de Miranda schon früh mit der Ausbildung zu seinem auserwählten Beruf.

Nuno Oliveira lernte die Prinzipien de la Guérinières und Marialvas und wich sein Leben lang bei der Ausbildung von Pferden nicht von diesen klassischen Grundsätzen ab. Wie Meister Miranda glaubte er an den Wert von großer Disziplin und Ruhe – beim Reiter wie beim Pferd – und hörte nie auf, die Alten Meister zu studieren.

Ich hatte das Glück, mit meinem französischen Vollbluthengst Victorieux beinahe zwölf Monate bei Nuno Oliveira in Avessada, dem Dorf in Portugal, in dem er lebte, verbringen zu dürfen. Ich erhielt die Erlaubnis, während dieser Zeit Fotos zu machen, von denen einige in dieses Buch übernommen wurden. Kurz vor seinem Tod im Februar 1989 sprach ich mit Nuno Oliveira über das geplante Buch und die Verwendung der Fotos.

Der Text besteht aus Zitaten Nuno Oliveiras und meinen Aufzeichnungen, die ich über zehn Jahre machte. Er war absolut begeistert von diesem Projekt. Ich kann mich erinnern, dass ich sagte, er sähe auf einigen Fotos vielleicht nicht ganz so perfekt aus, wie wir alle gern aussehen würden. Er überlegte eine Minute und erwiderte dann: «Aber der ernsthafte Reiter wird mehr als das sehen.»

Gegen Ende seines Lebens hatte er oft Schmerzen, aber er ritt weiter seine geliebten Pferde. Als Ausbilder teilte er sein Wissen mit seinen Schülern in einer Großzügigkeit, die ich nie vergessen werde – mit unendlicher Geduld diskutierte er immer wieder über die Probleme eines Pferdes und die möglichen Lösungen. Besonders in Erinnerung bleiben werden seinen Schülern das Glas *Vino* in seinem Büro zum Abschluss des Tages und die ausführlichen Debatten über die Lektionen und Fortschritte von Pferd und Reiter an diesem Tag.

Ich hoffe, dass die Veröffentlichung dieser Fotos und Texte eine, wenn auch kleine, Hilfe für die vielen Schüler in aller Welt sein wird, die Nuno Oliveira vermissen.

Eleanor Russell

Die Wahl eines Pferdes muss zuerst eine Liebesaffäre sein.

Allgemeine Kommentare

«Die Wahl eines Pferdes muss zuerst eine Liebesaffäre sein.»

Inmitten aller Sorgen und Kümmernisse des täglichen Lebens kann sich jeder Reiter, wenn er sich an diese Augenblicke der Schönheit erinnert, die er mit seinem Pferd oder seinen Pferden erleben durfte, gewiss sein, dass Reiten eine Kunst ist.

Im Prinzip ist ein Mensch wie der andere, aber es ist ein Unterschied, ob er in einem anderen Klima, in einem anderen Land lebt. Und das gilt auch für das Pferd.

Nuno Oliveira zitierte oft General L'Hotte: «Pferde vergessen nie ihre ersten Angewohnheiten.»

Wenn ich nach einem Pferd suche, schaue ich zuerst, ob mir seine Erscheinung insgesamt gefällt, seine Schönheit und der Ausdruck in seinen Augen. Während es auf mich zugeführt wird, schaue ich mit halb geschlossenen Augen, ob seine allgemeine Erscheinung wohl gerundet ist, auch wenn es vielleicht nicht gut im Futter steht. Schließlich beobachte ich sehr genau seine Gänge, und dann sehe ich mir seine Beine an.

Ein gutes Pferd hat keine bestimmte Farbe und gehört keiner bestimmten Rasse an. In jeder Rasse gibt es gute und schlechte Pferde, aber einige Rassen bringen mehr Pferde hervor, die sich für das Eine oder Andere besonders eignen.

Beobachten Sie die seelische Verfassung des Pferdes in der Bewegung, wenn es weder aufgeregt ist noch getrieben wird. Ich achte darauf, wie sich der Rücken in allen Gangarten bewegt. Der Rücken ist die Brücke zwischen Vor- und Hinterhand und der Teil, der den Reiter trägt.

Das Pferd ist ein Tier, das schnellere Reflexe hat als der Mensch und äußerst sensibel ist. Es ist erstaunlich schnell darin, die Laune des Reiters zu erfassen und alle Einflüsse zu spüren und zu hören.

Wenn der Reiter sein Pferd spürt und liebt, wenn er an dessen körperlicher und seelischer Entwicklung arbeitet, wird sich eine Übereinstimmung einstellen, die das Pferd nie vergisst. Auch wenn Pferd und Reiter vielleicht einige Jahre getrennt sind, wird sich das Pferd, mit seinem Reiter wieder vereint, an dessen Hilfen erinnern, und die Übereinstimmung wird wieder da sein.

Vergisst der Ausbilder, wie erstaunlich das Gedächtnis des Pferdes wirklich ist, wird er sich während der Dressurausbildung mit vielen Problemen konfrontiert sehen. Dieses erstaunliche Gedächtnis des Pferdes bleibt während der gesamten Ausbildung von großer Bedeutung. Ihre Stimme, Liebkosungen und andere Belohnungen bleiben ihm in Erinnerung, ebenso wie Prügel oder andere strenge Strafen, die zu Vertrauensverlust und Nervosität führen.

Stellen Sie hohe Anforderungen, seien Sie mit wenig zufrieden und belohnen Sie oft.

Pferde mit schlechtem Charakter sind selten. Im Allgemeinen tragen gefühllose, gedankenlose, unerfahrene oder unfreundliche Reiter die Schuld an ihren Problemen.

Einem Pferd immer alles auf sanftem Wege zu erklären, gibt dem Pferd Vertrauen und zeigt ihm, dass es nichts zu fürchten hat. Es muss jedoch verstehen und widerstandslos akzeptieren, was immer Sie von ihm verlangen. Sie müssen das Pferd immer, wenn es tut, was Sie von ihm verlangen, belohnen, dürfen aber auch nie mehr verlangen, als es zu geben in der Lage ist. So wird es zu Ihrem Freund, nicht zu Ihrem Sklaven.

Jedes Pferd ist eine Persönlichkeit, mit unterschiedlichem Nervensystem.

Nuno Oliveira sagte, Steinbrecht zitierend: «..., dass für die korrekte Arbeit die Beschaffenheit des Rückens von wesentlicher Bedeutung ist und dass er während der Dressur die sorgfältigste Berücksichtigung erfordert.»

Eine korrekte Dressurausbildung kann ein Pferd verändern. Sie kann ihm ein anderes Gleichgewicht und eine andere Form verleihen, wenn sich seine Muskeln entwickeln. Diese Verbesserung kann manchmal eine ziemliche Überraschung sein!

Ich hatte oft mit zwei verschiedenen Pferdetypen zu arbeiten, und ich habe gemerkt, dass sich ein und dasselbe Ausbildungssystem nicht immer genau gleich auf beide anwenden lässt. Jedes muss selbstverständlich nach den klassischen Prinzipien gearbeitet werden, aber manchmal müssen Sie die Unterschiede bei den Pferden spüren und berücksichtigen.

Der Reiter

Erst ein entspannter Reiter, dann ein entspanntes Pferd. Ein entspanntes Pferd ist ein ruhiges Pferd – nicht eines, das schläft!

Entspannen Sie Ihren Geist – und bleiben Sie friedlich. Es ist lächerlich, Dinge mit Gewalt zu erzwingen – armes Pferd. Es sieht lächerlich aus, es ist kein schöner Anblick, wenn etwas mit Gewalt erzwungen wird. Wenn Sie entspannt in der richtigen Haltung im Sattel sitzen, ist alles andere leicht!

Erst ein entspannter Reiter, dann ein entspanntes Pferd.

Sie müssen wissen, wie, aber zuallererst müssen Sie FÜHLEN. Wenn Sie alles wissen, aber kein Gefühl haben – das ist eine Katastrophe. Bei der Dressur kann ein Reiter nicht nur ein einziges System haben, denn jedes Pferd ist anders.

Tausende Kleinigkeiten – an alle muss der Reiter denken. Man darf nie aufhören, jedes Pferd zu beobachten.

Wenn man Reitern gegenüber von Schwung spricht, haben sie die Tendenz, zu treiben oder schneller zu werden; wenn man von Leichtheit spricht, haben sie die Tendenz, alles aufzugeben.

Der Reiter, der sein Leben lang bei seinem Pferd die besten Stimmungen oder Gefühle hervorzurufen sucht und jedes Mal bei jeder nur möglichen Gelegenheit seinen eigenen Gefühlen und Gedanken nachspürt, um der noch besseren Harmonie willen, der Mensch, der all dies tut, weiß wohl, dass jedes Pferd sich vom anderen unterscheidet.

Das Pferd ist keine Maschine, es ist ein lebendiges Wesen. Natürlich reitet man es, und es vergisst nie die Lektionen, die es gelernt hat, aber es ist notwendig, dass man die Kommandos korrekt zu geben weiß, ohne negative Folgen für das Pferd.

Um die Probleme und Widerstände, die während der Ausbildung entstehen, auf ein Minimum beschränken zu können, muss der Reiter über Geduld, Freundlichkeit und schon ein wenig Intelligenz verfügen.

Mediziner, Anwälte und Geschäftsleute denken mit dem Kopf. Reiter müssen lernen, mit ihrem Gesäß zu denken!

Prinzipiell muss die Aufmerksamkeit des Reiters beim Pferd auf Ruhe, Entspanntheit, Geraderichtung, Kadenz, Energie und prompte Reaktion auf die Hilfen gerichtet sein.

Immer wieder zu den Grundübungen zurückkehren und ihnen mehr Zeit widmen als den fortgeschrittenen Lektionen. Diese fortgeschrittenen Übungen fragt man ab, wenn man das Gefühl hat, dass das Pferd dazu bereit ist.

Es ist besser, sie selten und gut zu machen als viele Male und oft nicht gut.

Man muss wissen und verstehen, dass der Sporn nicht immer der Ausdruck der Stärke des Beines ist, sondern dem Pferd vielleicht auch eine Hilfe zur Entspannung und Ruhe sein kann.

Der gefühlvolle Reiter spürt, wenn ein Teil des Pferdes ermüdet, und weiß, wie er dem Pferd ohne Gewalt helfen kann, diesen Teil zu aktivieren.

Man muss eine Arbeitseinheit immer mit dem Gedanken abschließen, dass das Pferd am nächsten Tag in bester seelischer Verfassung sein soll.

Es ist am Reiter zu entscheiden, wie und in welcher Variation einer Gangart er sein Pferd arbeitet. Das Endergebnis muss gut für den Reiter sein und gut fürs Pferd und nicht immer für die Richter oder die Zuschauer auf ihren Plätzen.

Wenn sich Ihr Körper mehr bewegt als der Rücken des Pferdes, gibt es keine Zusammenarbeit zwischen Ihnen und dem Pferd.

Oft genug sind wir selbst es, die das Pferd an der korrekten Ausführung einer Lektion hindern, weil wir als Reiter falsche Hilfen geben und schlecht sitzen.

Die Beobachtung des Pferdes, das Reflektieren und das Lesen, nicht nur solcher Bücher, die zu unserer Zeit geschrieben werden, sondern ebenso der Werke der Alten Meister, ergänzt durch die Praxis – das wird Ihnen zu einem besseren Verständnis verhelfen.

Komplizieren Sie es nicht.

Spüren Sie, wie das Pferd sich unter Ihnen bewegt.

Die Hilfen

Der Grad der Feinheit eines Pferdes steht in direktem Verhältnis zum Grad der Feinheit der Reiterhilfen. Es ist lächerlich, Dinge mit Gewalt zu erzwingen – armes Pferd. Es sieht lächerlich aus, es ist kein schöner Anblick, wenn etwas mit Gewalt erzwungen wird. Er lernt – klopfen Sie ihn.

Kreuz, Sitz und Gewicht

Der Wichtigste am Reiter ist sein Rücken. Wenn Sie im Rücken zu steif bleiben, hängen Sie im Pferdemaul. Sie müssen Taille und Rücken entspannen, damit Sie mit dem Pferderücken mitschwingen und mit dem Gesäß im Sattel bleiben können.

Körper und Beine in einer geraden Linie.

Werden Sie locker in der Taille und überlassen Sie das Treiben Ihrem Gesäß. Spannen Sie das Gesäß nicht an. Sitzen Sie gerade und entspannen Sie das Gesäß.

Locker in der Taille. Wenn Sie in der Taille steif bleiben und nur die Schenkel einsetzen, ist auch das Pferd steif. Bleiben Sie im Galopp locker in der Taille, damit Sie mit dem Gesäß im Sattel bleiben.

Sitzen Sie auf der Zirkellinie nicht nach außen, verlagern Sie das Gewicht ein wenig nach innen. Beeinflussen Sie das Pferd in den Wendungen mit dem Rücken.

Achten Sie im Trab auf Ihre Haltung.

Es geht nicht nur darum, die Schultern zurückzuzwingen, das heißt gar nichts. Wenn die Taille sich nach vorn und nach unten bewegt, sieht es so aus, als ob die Schultern sich nach hinten bewegten.

Glauben Sie nicht, Sie dürften während der Ausbildung eines Pferdes Ihre Haltung nie auch nur ein bisschen verändern, um ihm zu helfen. In manchen Fällen kann der Reiter Gewicht von der Hinterhand nehmen, er kann sich ein wenig vorneigen, oder er kann sich etwas zurücklehnen, um die Schultern des Pferdes freier zu machen.

Jede dieser Aktionen ist anders, und hier sind es das Gespür und die ultraschnellen Reaktionen des Reiters, die es ihm erlauben, die richtige Hilfe im richtigen Augenblick zu geben.

Das wichtigste Instrument, das der Reiter besitzt, ist sein Kreuz.

Pferdeausbildung ist vor allem Gefühl und der Versuch, je nach Gefühl dem Pferd zu helfen und es nicht zu zwingen.

Wenn das Pferd leicht und regelmäßig wird, kann der Reiter ganz still sitzen, aber mit entspannter Taille.

Sie müssen, aufrecht im Sattel sitzend, in der Lage sein, schwerer zu sitzen, indem Sie das Gesäß entspannen und mit «geöffneterem Gesäß» im Sattel sitzen, oder sich leichter machen, indem Sie das Gesäß mehr anspannen, d.h. mehr «schließen».

Sie müssen spüren, welches Gefühl das Pferd vermittelt, und danach entscheiden, wie Sie wann sitzen.

Ihr Rücken darf sich nicht mehr bewegen als der des Pferdes.

Die Schenkel des Reiters

Man spricht immer von der Leichtheit der Hand des Reiters, vergisst aber, von der Leichtheit bei der Aktion seiner Schenkel zu sprechen.

Wenn die Schenkel mit Druck arbeiten, was passiert dann? Erstens ziehen sich infolge dieses Drucks die Muskeln an Oberschenkel und Rücken des Reiters zusammen, und sein ganzer Körper wird steif. Zweitens darf er nicht vergessen, dass das Pferd atmet, und wenn die Schenkel des Reiters fixiert sind, beengen sie die Atmung des Pferdes.

Sie dürfen nicht vergessen, dass der Reiter keinen korrekten Kontakt zum Pferdemaul haben kann, wenn er mit den Schenkeln Druck ausübt, denn die Fehler der Schenkel enden bei der Hand.

Die Schenkel des Reiters müssen nah am Pferd bleiben, aber locker herunterhängend, so dass leichte Berührungen mit den Waden möglich sind. Wichtig ist zu wissen, wie man durch ein leichtes Entspannen im Knöchel den Sporn zur Wirkung bringt und ob der Sporn im Kontakt mit dem Pferdeleib ist oder nicht.

Entwickeln Sie feine Hilfen, die dem Reiter, der diese Hilfen kennt, erlauben, sein Pferd mit mehr Leichtigkeit zu reiten als der Reiter, der seine Schenkel falsch einsetzt. Letzteres führt dazu, dass das Pferd abstumpft und konfus wird.

Erlauben Sie dem Bein, das Pferd kurz zu berühren und wieder locker zu werden, ohne seine Lage zu verändern und so schnell wie möglich.

Lernen Sie außerdem, die Schenkel leicht anliegen zu lassen, vollständig entspannt, so dass Sie die Seiten des Pferdes spüren, ohne jeden Druck. Lernen Sie, mit den Schenkeln den Pferdeleib zu umfassen, um den Sporn ohne den Schenkel einsetzen zu können.

Es sind all diese subtilen Hilfen, die dem Reiter, der sie kennt, erlauben, sein Pferd mit mehr Leichtigkeit zu reiten als einer, der seine Schenkel falsch einsetzt. Letzterer macht sein Pferd schließlich nur konfus, und mit dem Schenkel kann man das faulste Pferd nicht aufwecken. Der Reiter, der seine Schenkel korrekt und mit Feingefühl einsetzt, kann jedes Pferd reiten.

Die Praxis zeigt, dass ein Pferd den Rücken nicht hergeben kann, ohne (seitlich) um den inneren Schenkel des Reiters gebogen zu sein.

Der Reiter, der dem Pferd den Kopf nach innen zieht, ohne zuvor die entspannt Biegung des Pferdekörpers nach innen erreicht zu haben, erreicht nur eine verdrehte Kopfhaltung und Widerstand.

Es ist der innere Schenkel, der aktiv ist, und das Pferd muss sich um den inneren Schenkel biegen, ohne entweder die äußere oder die innere Schulter mehr zu belasten.

Ein großer Fehler, den viele Reiter begehen, ist zu viel innerer Schenkel im Galopp. Die daraus resultierenden Schwierigkeiten rühren von der Tatsache her, dass Sie das Pferd nicht zuerst um den inneren Schenkel gebogen haben und dass Sie diesen Schenkel im Galopp mit den gleichen Berührungen einsetzen wie den äußeren Schenkel – so etwas kann das Pferd nicht verstehen, und das Ergebnis ist Verwirrtheit im Pferdekopf.

Noch einmal möchte ich über die Schenkel des Reiters sagen …

sie treiben …

sie beruhigen …

sie umfassen …

sie … entspannen das Pferd.

Man muss immer vorsichtig sein bezüglich des Einsatzes der Schenkel im Verhältnis zum Einsatz der Reiterhand.

Reichen die Schenkel aus, dann setzen Sie nur die Schenkel ein, aber wenn sie nicht ausreichen, dann setzen Sie in Maßen und mit Feingefühl die Sporen ein.

Man muss wissen und verstehen, dass der Sporn nicht immer der Ausdruck der Stärke des Schenkels ist, sondern vielleicht eine Hilfe zur Entspannung und Beruhigung des Pferdes.

Die Schenkel des Reiters müssen den Pferdeleib locker umschließen, ohne jede Muskelanspannung, so dass sie weich zum Einsatz kommen können, wenn es nötig ist, und das Pferd flüssig, ohne Versteifung oder Verhärtung oder gar Widerstand gegen den Schenkeldruck, reagieren kann.

Sporen

Sie müssen also die Fußspitze ein bisschen herunterdrücken, und mit lockerer Ferse kommt der Sporn beim Pferd an, wie die Finger eines Gitarrenspielers auf seinem Instrument.

Die Hände des Reiters

Die Harmonie der Hilfen! Die Hand des Reiters muss das Pferd fühlen, ohne dass dieses an der Hand zieht, aber auch ohne das Pferdemaul (den Kopf) zur Reiterhand zu ziehen.

Halten Sie die Hände ruhig und empfangen Sie das Pferdemaul.

Das Maul des Pferdes und gute Reiterhände sind dauernd in einem Zwiegespräch.

Wenn Sie annehmen, nehmen Sie mehr mit dem Kreuz an als mit den Händen. Annehmen – das Schließen der Finger mit unbewegter Hand, das Ergebnis der richtigen Haltung des Arms, mit dem Ellbogen dicht am Körper, der Flexion der Taille und der Position der Brust, alle entsprechend entspannt.

«NACHGEBEN» bedeutet nicht, die Zügel fallen zu lassen, sondern das Gehen, Bewegen, Weitermachen mit viel weniger, manchmal gar keinem Gewicht (Druck) in den Zügeln oder den Schultern. Ich sage nicht: Zügel fallen lassen, sondern: Schauen Sie, ob das Pferd geht, auch ohne jedes Gewicht (den Druck) auf dem Zügel.

Sind die Hände zu stark, blockieren Sie die Bewegung. Reiter, die zu viel Druck auf den Zügel bringen, veranlassen die Pferde dazu, zu viel Gewicht auf die Schultern zu verlagern.

Eine einfache Trense kann ein sehr scharfes Gebiss sein, wenn das Pferd dagegen geht, und eine Kandare mit Unterlegtrense kann sehr weich sein, wenn sie von erfahrenen Händen geführt werden und das Pferd der Einwirkung dieser erfahrenen Hände nachgibt.

Eine Hand, die nicht erfahren, sondern nur gut ist, irrt sich sehr oft, und fühlt vermeintliche Leichtheit; diese unechten Gefühle kommen von der Zunge, die nicht ruhig im Maul liegt, sondern hochgezogen wird, manchmal zur Kugel geballt, und manchmal über das Gebiss kommt.

Ich fühle große Wut, wenn man mir erzählt, das Pferd müsse ständig gegen das Gebiss laufen, denn dies sei der einzige Weg, das Tempo einer Bewegung zu variieren, oder der einzige Weg, ein Pferd gerade zu halten.

Ich glaube, dass es im Verständnis des Reiters keine Unklarheit geben darf hinsichtlich des Unterschiedes zwischen diesem groben Kontakt mit der Reiterhand und dem notwendigen leichten, sensiblen Kontakt, der die Zügel aktiviert. Letzteres macht den sensiblen Reiter aus, woraus logischerweise ein sensibles Pferd resultiert.

Diese Harmonie ist Dressur für die Elite.

Sie müssen die Fußspitze ein bisschen herunterdrücken, und mit entspannter Ferse kommt der Sporn beim Pferd an, wie die Finger eines Gitarrenspielers auf seinem Instrument.

Die Praxis zeigt, dass ein Pferd nicht den Rücken hergeben kann, ohne (seitlich) um den inneren Schenkel des Reiters gebogen zu sein.

Einer sagt: «Nimm die Zügel an und verliere nie den Kontakt mit den Zügeln.»

Ein anderer sagt: «Gib die Zügel möglichst weit hin, damit das Pferd sich daran gewöhnt, frei, glücklich und leicht zu arbeiten.»

Natürlich ist ein bisschen Wahrheit in beidem, aber vor allem müssen Sie wissen, wann Sie Kontakt halten und wann Sie mit der Hand weicher werden müssen.

Der Moment, wenn der Kontakt gehalten werden muss, kann je nach dem Pferd, das Sie arbeiten, unterschiedlich sein. Zuerst müssen Sie den Grad seines Vorwärtsdrangs kennen, das Nervensystem dieses bestimmten Pferdes, von dem seine Starrheit oder Steifheit oder seine Einseitigkeit herrühren.

Die Aktion/das Gefühl des Reiters in seiner Hand sollte wie ein Filter sein. Durch übermäßiger Kraft, durch Ziehen mit angespannten Armmuskeln bekommt das Pferd nie den Ausdruck von Eleganz, Geschmeidigkeit oder Anmut.

Vergessen Sie nicht, dass alle Menschen tendenziell mehr Kraft (Stärke) auf einer Seite haben als auf der anderen.

Mein Vorschlag ist, dass Sie die Zügel an einer Wand befestigen und sie mit beiden Händen halten, wie es heute normal ist. Messen Sie den Druck auf jeder Hand (jedem Zügel) mit einer kleinen Waage und danach denken Sie nach und verstehen Sie den Unterschied zwischen Ihren beiden Händen.

Zu lange Zügel – es ist sehr hübsch, mit sehr langen Zügeln kleine Bewegungen zu machen, aber wenn das Pferd wegspringt, hängen Sie ihm im Maul.

Bei zu kurzen Zügeln ziehen Sie den Pferdekörper zusammen. Je mehr Sie das Pferd mit den Schenkeln dirigieren, desto weniger brauchen Sie die Hände.

Wie viel einfacher ist es, wenn der Reiter nicht dauernd so viel mit den Händen macht?

Sie halten nicht den Kontakt, weil Sie dem Pferd im Maul hängen, sondern weil Sie die Zügel in der richtigen Position haben.

Das Pferd darf nicht auf Ihren Händen schlafen.

Treiben Sie niemals nur mit den Schenkeln.

Arbeiten Sie mehr mit dem Kreuz.

Glauben Sie nicht, Sie dürften während der Ausbildung des Pferdes Ihre Haltung nie auch nur bisschen verändern, um ihm zu helfen.

Manchmal kann der Reiter sich ein wenig zurücklehnen, um die Schulter des Pferdes leichter zu machen … oder sich ein wenig vorneigen, um die Hinterhand zu entlasten.

Arbeiten Sie mehr mit den Schenkeln als mit den Händen.

Halten Sie gegen, aber ziehen Sie nicht, wenn das Pferd den Kopf falsch hält, und «GEBEN SIE NACH», wenn das Pferd nachgibt.

Wenn das Pferd den Kopf bewegt, treiben, mit Kreuz und Schenkeln, und die Hände «fixieren». Nachgeben, wenn das Pferd nachgibt.

Sitzen Sie nach vorwärts, schauen Sie, ob sich Ihre Hände bewegen, weil die Zügel zu lang oder zu kurz sind. Sie können Ihr Pferd nicht kontrollieren, wenn sich Ihre Hände dauernd bewegen.

Sie halten nicht den Kontakt, weil Sie dem Pferd im Maul hängen, sondern weil Sie die Zügel in der richtigen Position haben.

Die Hände, sie sind das Letzte, die letzte Hilfe, die Sie einsetzen.

Die Bewegungen des Pferdes

Manche Pferde, die mit natürlicher Bewegung, sehr lang und mit sehr guter natürlicher Kadenz und vor allem mit natürlichem Gleichgewicht von Anfang an, das heißt unter dem Gewicht des Reiters, geboren sind, behalten ihre natürliche Bewegung in guter Balance.

Andere haben auch gute Bewegungen, aber kein gutes Gleichgewicht, und mit dem Gewicht des Reiters fangen sie an, sich auf die Hand zu legen und Last auf ihre Schultern zu laden.

Wieder andere sind so gebaut, dass sie die Beine zu hoch anheben, mit dem Gewicht hinten bleiben und nicht richtig vorwärts gehen. Noch andere haben zu wenig Aktion im Vorderbein, machen kleine Trippelschrittchen, und die Schultern bleiben gebunden und unentspannt.

Das Pferd muss lernen, sich auszubalancieren, sich in den drei Gangarten, in den Tempovariationen, kürzer oder länger, und in den verschiedenen Übergängen zwischen den Gangarten zu bewegen.

Erst sehen Sie, wie sich der Rücken unter dem Gewicht des Reiters bewegt, und dann entscheiden Sie, in welchem Rhythmus/Takt Sie arbeiten müssen.

Ich bin völlig dagegen, dass man die Bewegung durch Arbeit im Widerstand entwickelt. Damit gewöhnt man dem Pferd nur an, sich auf die Hand zu legen.

Sobald das Pferd seinen Takt gefunden hat und sich darin wohl fühlt, können Sie schrittweise die Weite der Bewegungen erweitern.

Schritt

Der Schritt muss aktiver werden, wenn das Pferd seinen Takt nicht hält.

Langsamer, kraftvoller Schritt. Lassen Sie das Pferd nicht einschlafen.

Verlängern Sie den Schritt mit Kreuz und Taille, nicht mit den Schenkeln.

Wenn der Schritt nicht aktiv ist, nicht nach vorn geht, kommt beim Übergang zum Trab der Kopf hoch.

Entspannen Sie die Hände und lassen Sie die Bewegung des Pferdes zu.

Trab

Leichttraben, bis das Pferd den Rücken entspannt, dann aussitzen, dann wieder leichttraben, wenn es nicht entspannt ist.

Der Takt ist sehr wichtig. Er muss kraftvoll gehalten werden. Den Takt nicht verändern.

Ruhe mit Kraft.

Viele Reiter gebrauchen und missbrauchen den Arbeitstrab zu sehr. Es gibt diverse Trabnuancen, die für den einen oder anderen Trab bei diesem oder jenem Ausbildungsstand angebracht sind. Es ist der Reiter, der entscheidet, wie und in welcher Variation einer Gangart er sein Pferd arbeiten muss.

Das Endergebnis muss gut sein für den Reiter und für das Pferd, aber nicht immer für die Richter und die Zuschauer auf ihren Plätzen.

Den Trab nicht verlieren, die Hände entspannen.

Alles im selben Trab, im selben Takt reiten.

Zum Versammeln im Trab aussitzen, dabei an Takt und Leichtheit denken.

Vor dem Angaloppieren im Trab entspannen. Reiten Sie das Pferd im Trab vorwärts und galoppieren Sie daraus an.

Ein Pferd, das im Trab schlafen darf, wird sich im Galopp aufspielen.

Galopp

Angaloppieren, wenn das Pferd keinen Widerstand leistet.

Vor der Versammlung machen Sie sich zur Gewohnheit, Übergänge und Galopp im natürlichen Gleichgewicht zu reiten. Nicht zusammengehalten vom Zügel.

Machen Sie Tausende Übergänge ohne Gewicht auf dem Zügel. Trab, Galopp, Trab und Galopp in Selbsthaltung.

Pferde kommen leichter und schneller in die Versammlung, wenn der Galopp anfangs entspannt und im natürlichen Gleichgewicht geritten wird. Sie akzeptieren die Versammlung ohne Zwang.

Wenn das Pferd im freien Galopp sicher im Gleichgewicht ist, kann man anfangen, den Galopp zurückzunehmen, damit es lernt, sich auf der Hinterhand zu tragen, und man kann aus dem Schritt angaloppieren.

Die meisten Reiter fangen gleich mit dem Angaloppieren aus dem Schritt an. Es fällt dem Pferd leichter, aus einem sehr versammelten Trab anzugaloppieren.

Aus dem versammelten Trab versuchen wir, ein paar versammelte Galoppsprünge zu entwickeln, bevor das Pferd sich entspannen und in den Schritt zurückfallen darf.

Wenn dem Pferd der versammelte Galopp aus dem Schritt leicht fällt (manche Pferde verlieren schneller als andere den Schwung, und andere regen sich auf, weil es anstrengend für die Hinterhand ist), können Sie anfangen, den Übergang vom Galopp zum Schritt zu verlangen.

Es muss sehr darauf geachtet werden, was der Reiter mit seinem Kreuz macht, das Durchparieren zum Schritt muss aus dem Kreuz und der Brust des Reiters heraus kommen.

Das Pferd muss lernen, zum versammelten Schritt durchzuparieren und dabei leicht zu bleiben. Hier, in der Perfektion des Übergangs vom Galopp zum Schritt, liegt eines der großen Geheimnisse für den anschließenden Erfolg bei den fliegenden Galoppwechseln.

Ein Pferd entwickelt Gleichgewicht und Versammlung im Galopp nicht daraus, dass es lange galoppiert, sondern aus häufigen Übergängen in den Galopp aus dem Halten, dem Schritt und dem Trab. Variationen in der Länge der Galoppsprünge und in der Versammlung helfen, einen korrekten versammelten Galopp zu entwickeln.

Außengalopp

Außengalopp ist körperlich anspruchsvoll und darf nicht übertrieben werden. Vor allem ist es schwierig für das junge Pferd, und man muss darauf achten, nicht zu viel zu verlangen.

Wenn das Pferd im Außengalopp umspringt, muss es zum Schritt durchpariert, versammelt und im Außengalopp neu angaloppiert werden. Recht häufige Belohnungen in Form von Schritt am langen Zügel in der zwischen diesen Außengalopppreprisen helfen dem Pferd.

Wenn es den Außengalopp an einer langen Seite halten kann, kann es im Außengalopp auf einen großen Zirkel geritten werden.

Das Pferd muss im Außengalopp auf dem Zirkel gerade gerichtet sein.

Das Pferd muss im Außengalopp auf dem Zirkel gerade sein.

Der Außengalopp ist eine gute Hilfe, um die Kadenz des Galopps zu verbessern, ihn aktiver zu machen, runder, schwungvoller, und dabei gerade zu bleiben.

Fliegende Wechsel

Das Geheimnis guter fliegender Wechsel sind die Übergänge vom Galopp zum Schritt. Halten Sie das Pferd gerade. Das Pferd darf nicht das Gewicht auf die Schultern oder auf eine Schulter verlagern, halten Sie es gerade.

Das Pferd muss gerade sein, während und nach den fliegenden Wechseln.

Halten Sie den Takt. Das Pferd darf den Takt nicht ändern.

Achten Sie darauf, ob das Pferd nach dem Wechsel denselben Takt beibehält.

Die Hilfe ist eine elektrische Berührung, kein starker Stoß.

So oft habe ich gesehen, wie ein Pferd bereit war, seinen ersten fliegenden Wechsel ganz leicht auszuführen, und sein Reiter, anstatt mit Gefühl einzuwirken, hat die Hilfen zu stark gegeben, so dass sich das Pferd daran erinnert und sich jedes Mal aufregt, wenn es glaubt, dass es einen fliegenden Wechsel machen soll.

Oder, manche Pferde bleiben lange nervös an der Stelle, wo erstmals ein fliegender Wechsel verlangt wurde.

Wenn die Wechsel leichter fallen, kann man sie an verschiedenen Stellen reiten, immer mit Ruhe und im selben Takt. Allmählich können Sie mehr verlangen, sagen wir vier oder sechs fliegende Wechsel.

Wenn Sie anfangen, die Wechsel auf der Diagonale zu reiten, ist es von größter Wichtigkeit, dass Sie geradeaus auf den Punkt schauen, an dem das Pferd auf der gegenüberliegenden langen Seite ankommen soll. Das Pferd darf nicht eine Schulter mehr belasten als die andere.

Bevor Sie mit den mehreren Wechseln hintereinander beginnen, müssen Sie einzelne fliegende Wechsel an der kurzen Seite, auf den Zirkeln, in jeder Richtung und auf beiden Händen reiten.

Sie müssen sich Zeit lassen, und das dürfen Sie nicht vergessen, wenn Sie zum Beispiel anfangen, Vierer-Wechsel zu verlangen. Der Reiter muss während der Galoppsprünge zwischen den Wechseln die Hilfen für den Galopp, in dem das Pferd geht, verstärken. Durch diese Hilfen wird der

Galopp mit jedem Sprung unmerklich bestätigt, und dann werden die Hilfen umgekehrt, im richtigen Moment für den zweiten fliegenden Wechsel.

Ein Fehler, den ich bei vielen Reitern sehe, ist, dass sie den äußeren Zügel nicht ruhig halten.

Vergessen Sie nicht, dass der äußere Zügel die Versammlung des Galopps erhält, und der beste Weg, die Kadenz beizubehalten, ist, wenn der Reiter auf dieser Seite die Schulter leicht zurücknimmt.

Vor allem: Sitzen Sie still beim fliegenden Wechsel. Wenn Sie beim fliegenden Wechsel Ihr Gesäß bewegen müssen, gehen Sie besser in eine Diskothek!

Trabverstärkung

Die einzige echte Trabverstärkung ist die, welche das Resultat der Versammlung ist, das Pferd dabei leicht und auf der Hinterhand.

Eine Verstärkung des Trabs mit spektakulären Bewegungen der Schultern, bei der der Rücken des Pferdes hohl bleibt und die Hinterbeine zurückbleiben und manchmal breit treten, gehört nicht in die Domäne der Reitkunst.

Beim Verlängern der Tritte muss man immer daran denken, zum versammelten Trab zurückzukehren, verbunden mit einem Senken der Hinterhand und in Leichtheit, und nicht das Pferd mit ein, zwei steifen Tritten auf die Schulter zu werfen.

Im verstärkten Trab bestimmt das Maß an Schwung, ob das Pferd sich einen nachgebenden Zügel zunutze machen und einen raumgreifenden verstärkten Trab im Gleichgewicht gehen kann.

Wenn Sie auf die Diagonale gehen, müssen Sie darauf achten, dass das Gewicht nicht auf die innere Schulter kommt. Aus diesem Grund darf man nie vergessen, dass im korrekten Ausreiten der Ecken immer ein kleiner Moment des Schulterherein liegt.

Wird die Trabverstärkung erreicht, nachdem Versammlung und Kadenz in Ordnung sind, ist der Rücken des Pferdes geschmeidig und der Reiter kann sitzen, ohne sich im Sattel zu bewegen (geworfen zu werden), wie man es so oft sieht, wenn die verlängerten Tritte zu früh gefordert wurden.

In der Trabverstärkung darf das Pferd den Kopf nicht nach unten nehmen. Junge oder unerfahrene Pferde, ja, aber fortgeschrittene Pferde nicht, denn sie bewegen sich in Versammlung.

Kommen Sie aus dem verstärkten Trab zurück zum versammelten Trab mehr mit dem Kreuz als mit den Händen.

Kommen Sie aus dem verstärkten Trab zurück zum versammelten Trab mehr mit dem Kreuz als mit den Händen.

Arbeit an der Longe

Longieren Sie das Pferd unausgebunden, damit es die Muskeln lockern kann.

Manchmal verlegt sich ein Pferd im Schlaf im Rücken – daran sollten Sie denken!

Ich spreche von dem Reiter, der sein Pferd zum Aufwärmen longiert oder, um es in Haltung zu bringen, wobei er einen Hilfszügel benutzt.

Der Reiter selbst muss das Pferd longieren, nicht jemand anders. Wie er das Pferd später reitet, muss davon beeinflusst, muss das Ergebnis dessen sein, was er gesehen hat, als das Pferd sich an der Longe bewegte.

ER MUSS ACHTEN AUF …

- **die Haltung/Bewegung des Rückens;**
- **die Stellung des Halses und er soll beobachten, wie die Halsmuskeln arbeiten;**
- **den Takt in allen Gangarten;**
- **den Unterschied zwischen verschiedenen Pferden, das heißt, «heißen» und «kalten» Pferden, von denen manche den Kopf bei der Arbeit ein bisschen höher oder ein bisschen tiefer tragen müssen;**
- **die korrekte Verschnallung der Hilfszügel, das heißt, wie lang jeder Zügel sein muss. Dieses Wissen kommt aus der Beobachtung des ganzen Pferdes in der Bewegung. Nicht nur Kopf und Hals ansehen, sondern an den ganzen Pferdekörper denken und besonders daran, wie die Hinterbeine sich im Takt bewegen.**

Was Sie anfangs unbedingt vermeiden müssen, ist, die Ausbindezügel zu kurz zu verschnallen, weil Sie dadurch den Pferdehals in eine Position bringen, die mit dem Rest des Körpers nicht harmoniert.

Es ist dieses starke und zu schnelle Verkürzen der Ausbindezügel, das den Pferderücken hohl macht und dazu führt, dass er sich in der normalen Bewegung nicht aufwölben kann.

Wenn wir vergessen, das Pferd mit Hilfe der treibenden Longierpeitsche und der elastischen Spannung der Longe auf einem korrekten Zirkel zu halten, wenn wir nicht annehmen und nachgeben und dem Pferd er-

Longieren Sie das Pferd unausgebunden, damit es die Muskeln lockern kann.

Immer eine Belohnung.

lauben, sich nach innen zu lehnen, geben wir dem Pferd eine schlechte Lektion.

Mit guter Arbeit an der Longe können wir viel Gutes schaffen, aber auch viel Schlechtes, das dem Pferd das ganze Leben lang bleibt.

Bei der Arbeit an der Longe müssen wir sehr oft die Hand wechseln.

Manche Pferde müssen ziemlich lange an der Longe mit Hilfszügeln gearbeitet werden.

Andere bleiben ganz leicht in Haltung, wenn sie sie erst einmal angenommen haben, und ich kann nicht verstehen, warum man weiter diese Hilfszügel verwendet.

Wir dürfen beim Longieren nie vergessen, dass die Longe äquivalent zum Zügel des Reiters im Sattel ist, und dass die Longierpeitsche den Schenkeln des Reiters entspricht. Wir müssen darauf achten, dass das Pferd sich auf einem geometrisch korrekten Zirkel bewegt.

Das Anhalten an der Longe muss sehr vorsichtig verlangt werden, von der Longierpeitsche, die sich hinten nur angedeutet zeigt, und mit ganz kleinen Vibrationen an der Longe und mit der Stimme, die ebenfalls sehr wichtig ist.

Betrachten Sie das ganze Pferd in der Bewegung und nicht nur, wie Hals und Kopf aussehen. Vergegenwärtigen Sie sich den ganzen Pferdekörper und besonders, wie die Hinterbeine sich im Takt bewegen.

Auch bei der Arbeit an der Longe mit Hilfszügeln ist es sehr wichtig, das Pferd viel im Schritt gehen zu lassen, damit es weiter seinen eigenen Takt finden kann. Damit es sich selbst tragen und leichter werden kann durch diese Schrittarbeit, damit es in einer anderen Gangart weiter Fortschritte machen kann.

Die Arbeit an der Longe, mit korrekt verschnallten Hilfszügeln und in korrekter Kadenz, kann eine wertvolle Hilfe bei der Ausbildung des Pferdes sein.

Sie dürfen nicht vergessen, dass Sie, wenn Sie über den Kappzaum auf den Nasenrücken, einwirken, Einfluss nehmen wollen, ein gutes Ergebnis nicht dadurch erreichen, dass Sie ziehen, sondern, indem Sie leicht nachgeben und auch, wenn Sie in der Lage sind, die Longe vibrieren zu lassen.

Die Hand, die die Longierpeitsche hält, darf sich nur kontrolliert und kalkuliert bewegen, so dass das Pferd sich allmählich daran gewöhnt, die Peitsche zu sehen, ohne Angst davor zu haben.

Junge Pferde

Er lernt – klopfen Sie ihn.

Pferde müssen lernen, am losen Zügel ganz still zu stehen. Bleiben Sie selbst ruhig im Halten, das ist sehr wichtig.

Machen Sie sich das Pferd zum Freund, nicht zum Sklaven, und Sie haben einen Freund, solange es lebt.

Tragen Sie die Gerte in der inneren Hand, wenn Sie ein junges Pferd arbeiten.

Lassen Sie das Pferd im Halten Hals und Kopf strecken und schauen Sie, ob der Rücken entspannt ist und das Pferd zu Boden schaut.

Wenn der Pferdekopf am Anfang zu tief ist, kommt er mit dem Schwung in die korrekte Position.

Mit dem Kopf und Hals in der Luft kann das Pferd nicht lernen. Pferde «kommen» ohne Zwang oder Ziehen. Spielen Sie mit den Zügeln, machen Sie das Genick rund durch «Spielen» – nicht mit Gewalt.

Reiter mit zu viel Gewicht (Druck) auf den Zügeln bewirken, dass die Pferde zu viel Gewicht auf die Schultern bringen.

Junge Pferde müssen traben, galoppieren, traben, galoppieren – in Selbsthaltung, ohne Unterstützung durch die Zügel.

Geben Sie auf einem jungen Pferd im Übergang zum Galopp mit dem inneren Zügel nach.

Das Pferd kann nicht vorwärts gehen, wenn Körper und Geist nicht entspannt sind.

Ein ruhiges Pferd ist kein schlafendes Pferd.

Lassen Sie nicht zu, dass das Pferd auf Ihren Händen schläft.

Geben Sie auf einem jungen Pferd beim Übergang zum Galopp mit dem inneren Zügel nach.

Er lernt – klopfen Sie ihn.

Das Pferd entspannen

Damit das Pferd den Hals länger macht, müssen Sie es langsam und allmählich dazu auffordern. Es darf den Hals nicht von selbst oder schnell länger machen. Wenn es dies langsam und weich tut, ist das der Beweis für einen entspannten und runden Rücken.

Wenn Sie die Zügel hingeben und das Pferd streckt sich nicht, können Sie sicher sein, dass Sie es nicht korrekt gearbeitet haben. Sie haben das Pferd in schlechter Haltung in die Versammlung gebracht, durch die gegeneinander arbeitenden Kräfte von Hand und Schenkel.

Ist das Pferd nicht in der Lage, in allen drei Gangarten den Hals lang zu machen und dabei im Takt zu bleiben, mit rundem Rücken, können Sie sicher sein, dass die Arbeit, die Sie machen, nicht korrekt ist.

Manchmal können Sie, wenn Sie (der Reiter) denken, das Pferd ist leicht, ausbalanciert, kadenziert und versammelt, ihm anbieten, den Hals zu strecken. Wenn es Ihnen mit einem Ruck die Zügel aus der Hand zieht oder schnell den Kopf senkt, wird der Rücken einen Augenblick gerade und dann hohl.

Der erfahrene Reiter kann im Halten, mit einem korrekt ausgebildeten Pferd, das Dehnen des Halses auch im Halten verlangen. Das Pferd bleibt dann ruhig und korrekt stehen und streckt den Hals und geht auch wieder zurück in die vorige Haltung, ohne die Füße zu bewegen.

Vergessen Sie nicht, dass alle Muskeln im ganzen Pferdekörper miteinander in Beziehung stehen. Lassen Sie das Pferd in Richtung Boden schauen und folgen Sie seinem Rücken mit Ihrem Rücken.

Damit das Pferd den Hals länger macht, müssen Sie es langsam und allmählich dazu auffordern.

Lassen Sie das Pferd in Richtung Boden schauen und folgen Sie seinem Rücken mit Ihrem Rücken.

Halten und Rückwärtsrichten

Mit einem jungen Pferd war das Halten anfangs ein Stoppen. Das Wichtigste war, dass das Pferd ruhig und unbeweglich still stand, was es auch mental entspannte. Es wurde kein geschlossenes Halten erwartet.

Es braucht Feingefühl und Geduld, einem nervösen oder leicht erregbaren Pferd beizubringen, unbeweglich stehen zu bleiben. Ein ausgebildetes Pferd muss in der Lage sein, bewegungslos stehen zu bleiben, bis sein Reiter ihm die Hilfe zum Antreten gibt, ohne Rücksicht auf Geräusche, Bewegungen oder andere Ablenkungen. Dazu braucht der Reiter eine Menge Geduld und das Pferd nicht zuletzt eine Menge Lob.

Zum Anhalten setzt der Reiter sein Gewicht, sein Gesäß und sein Kreuz ein, um tiefer in den Sattel zu kommen. Die Hände sind die letzte Hilfe, und wenn das Pferd steht, sollte der Reiter die Finger entspannen und nur noch weichen Kontakt halten, damit das Pferd den Kopf nicht fallen lässt.

Im weiteren Verlauf der Ausbildung, wenn das Pferd ab und zu im Schulterherein und Travers angehalten wird, fängt es an, runder anzuhalten, und dann wird das Halten geschlossener.

Dieser Halt sollte nicht mit steifen Beinen erfolgen, sondern der Reiter sollte spüren, wie sich die Hinterhand des Pferdes leicht senkt. Es sollte sich nicht eilig oder hart anfühlen.

Wenn das Pferd aus dem Schritt oder Trab leicht und geschlossen anhält und ebenso leicht im selben Schritt oder Trab wieder antritt, ohne die Haltung von Kopf und Hals zu verändern, ist es Zeit, mit dem Rückwärtsrichten anzufangen.

Rückwärtsrichten

Die Hilfe zum Rückwärtsrichten ist eine Berührung mit dem Schenkel, gefolgt vom Kreuz und den Fingern auf den Zügeln. Macht das Pferd einen ersten Ansatz, einen Schritt zurückzutreten, lässt der Reiter sofort die Zügel fallen, klopft das Pferd und lässt es frei vorwärts gehen.

Weicht ein Pferd beim Rückwärtsrichten mit der Hinterhand auf die eine oder andere Seite aus, sorgt der entgegengesetzte Zügel dafür, dass sich

Schultern und Hinterhand wieder auf einer Linie befinden, dass es gerade gerichtet ist.

Wird das Rückwärtsrichten schlecht ausgeführt oder vorweggenommen oder rennt das Pferd rückwärts, hat es ein gefährliches Ausweichmanöver gelernt. Damit es aufhört, wird das Pferd angehalten, ein paar Schritte vorwärts geritten und dann noch mal aufgefordert, sich langsam und ruhig ein paar Schritt rückwärts richten zu lassen.

Später vom Schritt zum Halten, zwei oder drei Schritte Rückwärtsrichten und in derselben Gangart wieder anreiten. Noch später dasselbe im Trab. Bei diesen beiden Übungen im Schritt und Trab ist es sehr wichtig, dass sich das Pferd leicht und ruhig rückwärts richten lässt und aus dem Halten prompt wieder antritt.

Bei einem Pferd, das schwer auf der Vorhand liegt oder auf dem Gebiss schläft, kann dieses ruhige Rückwärtsrichten, öfter und ohne Eile ausgeführt und mit gleichmäßigen Tritten, diese Schwierigkeit beheben.

Rückwärtsrichten an der Hand.

Die Hilfe zum Rückwärtsrichten ist eine Berührung mit dem Schenkel, gefolgt vom Kreuz und den Fingern auf den Zügeln.

Später vom Schritt zum Halten, zwei oder drei Schritte Rückwärtsrichten und in derselben Gangart wieder anreiten.

Zirkel

Wenn ich meine Pferde arbeite, fange ich nur selten an, ohne auf beiden Händen im Schritt Volten zu reiten, bevor ich irgendetwas anderes verlange.

Wenn das Pferd auf beiden Händen den inneren Schenkel annimmt, brauchen Sie denselben inneren Schenkel nur einige Male leicht anzulegen, wenn Sie spüren, das sich das Pferd verspannt, steif macht oder sich auf die innere Schulter legt.

Der Zirkel ist von größter Wichtigkeit, besonders für ein junges Pferd. Der Zirkel muss eine perfekte geometrische Figur sein.

Ein Pferd, das der Zirkellinie/Kurve folgend auf dem Zirkel geht, muss sein Rückgrat – die ganze Wirbelsäule – der Zirkellinie anpassen.

Wenn ich meine Pferde arbeite, fange ich nur selten an, ohne auf beiden Händen im Schritt Volten zu reiten, bevor ich irgendetwas anderes verlange – und oft reite ich auf diesen Volten auch ein wenig Schulterherein.

Pferde … sie lernen eine Menge, während sie der korrekten Zirkellinie folgen.

Zirkel und Schlangenlinien

Sorgen Sie auf dem Zirkel für gleichbleibenden Takt, Schwung, Haltung. Ein Zirkel ist keine Kartoffel oder ein Ei. Der ganze Pferdekörper muss auf der Zirkellinie bleiben. Pferde lernen eine Menge, während sie der korrekten Zirkellinie folgen.

Die Arbeit im Galopp auf dem Zirkel ist eines der erfolgreichsten Mittel, um den Galopp des Pferdes durchlässig, regelmäßig und ausbalanciert zu machen.

Die Ecke, der Zirkel und das Schulterherein sind eine «ménage à trois».

Die Arbeit im Galopp auf dem Zirkel ist eines der erfolgreichsten Mittel, um den Galopp des Pferdes durchlässig, regelmäßig und ausbalanciert zu machen. Der Zirkel aktiviert das Pferd, schiebt die Hinterbeine unter und verbessert damit das Gleichgewicht.

Schlangenlinien

Reiten Sie die Schlangenlinie mit dem Schenkel, nicht mit den Händen.

Reitschüler in Avessada, Portugal, beim Reiten von Schlangenlinien.

Mit dem Schulterherein beginnen

Bei einem jungen Pferd, das Schulterherein noch nicht kennt, fängt man folgendermaßen an:

In einer Ecke legen Sie im Schritt eine korrekte Volte an. Achten Sie auf die Geometrie der Volte, dass sie rund ist, und darauf, sie nicht mit einer Rückwärtsbewegung der inneren Hand zu reiten.

Die Volte wird in der zweiten Hälfte der kurzen Seite angelegt, in die Ecke hinein und bis zum Anfang der langen Seite.

Überfallen Sie das Pferd nicht mit Ihren Hilfen.

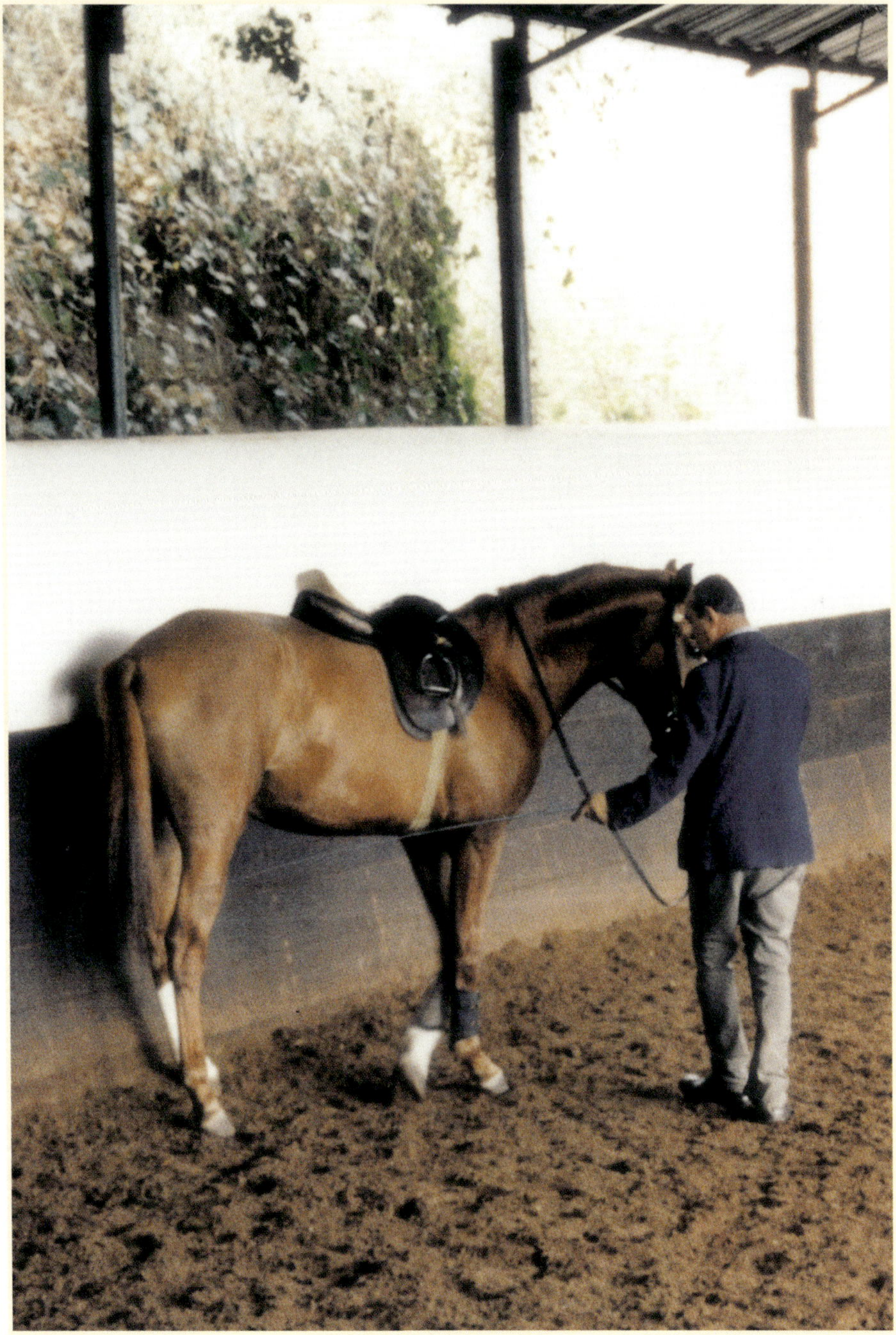

Gehen Sie sehr langsam und allmählich vor, bis das Pferd willig zwei oder drei Schritte zur Seite tritt.

Wenn eine korrekte Volte in gleichbleibendem Takt gelungen ist, bewegen sich, wenn man die Ecke erreicht, beide Hände, die die Zügel ganz leicht halten, ein wenig nach außen und dann wieder nach innen, während der innere Schenkel bei jedem Schritt etwas angedrückt wird, ein Schenkel, der sehr leicht treibt und wieder nachgibt.

Überfallen Sie das Pferd nicht mit Ihren Hilfen.

An der Hand lassen Sie das Pferd durch leichtes Antippen mit der Gerte am Schenkel mit den Hinterbeinen und dem Körper einen Schritt zur Seite machen. Klopfen und Zügel hingeben.

Gehen Sie sehr langsam und allmählich vor, bis das Pferd willig zwei oder drei Schritte zur Seite tritt. Tut es dies gut auf beiden Händen, stellen Sie es parallel zur Bande, lassen es vorwärts gehen, biegen es unmerklich nach innen und versuchen mit dem größten Feingefühl zwei oder drei Schritte Schulterherein. Loben.

Halten Sie das Pferd oft in dieser Stellung der Lektion an.

Später beginnt man, Schulterherein in den Ecken zu verlangen, wobei man darauf achten muss, dass die Hinterbeine mehr gehen und die Vorderbeine weniger, so dass der Winkel an der nächsten Seite der Gleiche bleibt. Loben Sie das Pferd.

Schulterherein

Nuno Oliveira zitierte oft de la Guérinière:

«Das Schulterherein ist die erste und die letzte Lektion, die ein Pferd ausführen soll.»

Das Schulterherein ist eine wichtige Übung für die Durchlässigkeit. Sie muss korrekt verlangt und ausgeführt werden, sonst ist es, wie man oft sieht, nur ein Pferd, das sich verdreht seitwärts bewegt, was es nicht etwa durchlässig macht, sondern nur das Gewicht auf die äußere Schulter bringt.

Schulterherein ist diejenige Übung, mit der man das Engagement der Hinterhand fördert. Es ist weniger wichtig, dass das Pferd sich seitwärts bewegt, als dass es sich im ganzen Körper biegt. Sie dürfen dies nicht mit Gewalt erzwingen.

Es ist wichtig zu fühlen, dass das Pferd sich trägt, dass es im Hals nicht überzäumt ist und das Gewicht auf das innere Hinterbein, nicht auf die äußere Schulter verlagert.

Korrekt ausgeführt, erzielt man mit Schulterherein beste Ergebnisse, weil es das Pferd entspannt und es gerade richtet.

Aber es sollte «Schulter**n**herein» heißen, nicht Schulterherein, weil beide Schultern innen sind, die eine ein bisschen mehr als die andere.

Im Schritt muss man immer darauf achten, dass das Schulterherein mit langsamen Schritten ausgeführt wird, nicht eilig. Auch nicht mit sehr weiten Schritten, denn aufgrund der Gangmechanik wird der Pferderücken hohl, wenn die Schritte zu weit werden.

Ich fange die Ausbildung eines Pferdes nie mit einer anderen Lektion als dem Schulterherein an. Diese gymnastische Übung führt dazu, dass die Hinterhand korrekt gesenkt und die Vorhand aufgerichtet und leichter wird, nie umgekehrt.

Beginnen Sie das Schulterherein energisch, nicht schläfrig, aber auch nicht in einem langen Schritt. Sonst drückt das Pferd den Rücken weg, macht ihn hohl. Richtig ist ein kürzerer Schritt.

Wenn die Hände zu stark sind, blockieren sie die Bewegung. Wenn Sie am inneren Zügel ziehen, knicken Sie den Pferdehals ab. Meistens fangen Reiter mit der Übung des Schulterherein so an, dass sie den inneren Zügel annehmen. Das ist falsch.

Das Schulterherein ist die erste und die letzte Lektion, die ein Pferd ausführen soll.

Passen Sie auf, dass Sie im Schulterherein auf der Mittelachse des Pferdes sitzen, dass Sie weder nach innen noch nach außen hängen.

Sie müssen im Schulterherein spüren, dass die Kraft vom inneren Bein kommt.

Hat das Pferd ein oder zwei Schritte im beginnenden Schulterherein gemacht, lässt man die Zügel los und klopft es. Man fängt wieder an, und ganz allmählich macht das Pferd immer mehr Schritte im Schulterherein.

Oft loben, wenig auf einmal verlangen, viel loben.

Wenn das Pferd immer mehr Schritte im Schulterherein an der langen Seite anbietet, ist dies der Moment, in dem der Reiter aufpassen muss, dass das Gewicht des Pferdes auf dem inneren Hinterfuß bleibt und nicht auf die äußere Schulter kommt.

Später, wenn das junge Pferd das Schulterherein schon ein wenig kennt, muss man, wenn man anfängt, auf den äußeren Zügel achten, der zuerst aktiv werden muss, um die Schultern des Pferdes nach innen zu bringen, und dann sorgt der innere Zügel für die Biegung.

Die Übung Schulterherein ist leicht auszuführen, wenn man zu Anfang mit Gefühl vorgeht. Wenn Sie zu viel treiben, wird das Pferd widersetzlich.

Wenn das Pferd das Schulterherein im Schritt korrekt und ohne Schwierigkeiten ausführt, ist es Zeit, die Übung im Trab zu verlangen.

Lassen Sie zwischen Reprisen im Schulterherein zur Belohnung immer mal wieder die Zügel lang. Ein andermal traben Sie an und achten darauf, dass es in gerader Linie antritt.

Sehen Sie sich das so genannte Schulterherein an, wie man es oft sieht, bei welchem der Reiter am inneren Zügel zieht, nach innen hängt, den Schenkel zurückzieht, um dem armen Tier den Sporn zu geben, der es zwingt, sich so verdreht zu bewegen. Damit nimmt er dem Pferd den ganzen Schwung, und die Folge ist, dass es sich gegen den Reiter wehrt.

Viele Reiter reiten Schulterherein, wenn sie noch nicht gut vorbereitet sind. Ich würde das schlecht ausgeführte Verrenkungen nennen, und es wäre besser, diese schlechten Verrenkungen überhaupt nicht zu reiten. Nützlicher wäre es, falls man Schulterherein nicht korrekt reiten kann, bei der ganz einfachen Zirkelarbeit zu bleiben, schön geometrisch ausgeführt.

Das Schulterherein ist eine wichtige Übung für die Durchlässigkeit.

Die Biegung des Pferdes ist etwas Natürliches. Wir können ein Pferd sehr gut und sehr schlecht biegen.

Was Sie tun müssen, ist, es gut und nützlich anzuwenden.

Wenn Sie Schulterherein in einer Dressurprüfung reiten, muss es den Definitionen der FEI entsprechen.

Aber das Schulterherein, in dem Sie Ihr Pferd während verschiedener Stufen der Dressur arbeiten, hängt davon ab, was dem Pferd auf seiner Stufe der Durchlässigkeit nützt.

Hat das Pferd zu viel Gewicht auf der äußeren Schulter, bewegen Sie Ihre Hände leicht nach innen.

Wenn Sie am inneren Zügel ziehen, knicken Sie den Hals ab ... entspannen Sie den inneren Zügel.

Nicht mit den Händen blockieren.

Denken Sie daran: Je besser das Schulterherein, desto besser die Traversale!

Mit dem Schulterherein lässt sich alles verbessern, der Schritt, der Trab und der Galopp.

Später, wenn das Pferd das Schulterherein im Schritt an den langen Seiten gut ausführt, fangen Sie an, die Übung auf einem großen Zirkel zu verlangen, auf einem halben Zirkel und immer mit dem äußeren Zügel, damit Sie es immer wieder ganz gerade auf die Mittellinie zurückbringen können.

Aus dem Schritt ist es auch sehr gut, das Pferd ganz ruhig in der Schulterherein-Stellung halten zu lassen. Nach ein paar Sekunden setzen Sie sich wieder in Bewegung, immer noch im Schulterherein, oder Sie stellen das Pferd um ins entgegengesetzte Schulterherein und reiten weiter.

Ein ganz wichtiger Punkt ist, dass der Reiter, bevor er Schulterherein im Trab zu reiten versucht, einen guten Takt im Trab findet und hält, so dass das Pferd, wenn er das Schulterherein verlangt, in dem einmal gegebenen Takt bleibt. All das muss so ausgeführt werden, dass die Hinterhand immer an der Bande bleibt.

Ich möchte sagen, dass, wenn man in der Reithalle geradeaus reitet, jede Ecke einen kleinen Moment des Schulterherein darstellt, und Sie dürfen nicht vergessen, dass die Halle vier Ecken hat.

Traversale

Wenn das Pferd die Übung Schulterherein gut kennt und, durch das Schulterherein vorbereitet, eine gewisse Rundheit besitzt, ist es bereit für die Traversale.

Durch das Schulterherein hat es auch gelernt (falls der Reiter darauf geachtet hat, mit den Schenkeln Kontakt zu halten), dem Schenkel zu weichen, wenn er angelegt wird.

So beginnt man mit der Traversale:

Fangen Sie Mitte der langen Seite mit dem Schulterherein an und reiten Sie im Schulterherein bis zur Mitte der kurzen Seite. Biegen Sie in unveränderter Stellung auf die Mittellinie ab und reiten Sie ein paar Meter im Schulterherein auf der Mittellinie, ohne die inneren Hilfen zu verändern.

Legen Sie den äußeren Schenkel leicht an (hinter dem Gurt) und schieben Sie das Pferd mit mehrfachem leichten Andrücken und Nachgeben in derselben Biegung in Traversalstellung zwei oder drei Schritte zur Seite. Lassen Sie die Zügel locker und loben Sie das Pferd. Verlangen Sie jeweils nur ein paar Schritte und loben Sie häufig.

Das ist ein wichtiges Detail – wenn Sie auf die Mittellinie gehen und im Schulterherein weiterreiten, drückt der innere Schenkel die Hinterhand ganz leicht nach außen, der äußere Zügel schickt dann die Schultern in die Richtung der Traversale, all das im Augenblick, in dem Sie auf die Mittellinie kommen. Der Pferdekörper ist im Winkel für die Traversale, und das Pferd kann die Traversale leichter ausführen.

Um Schritt für Schritt die Anzahl der Schritte zu erhöhen, achten Sie darauf, dass in der Traversale, im Augenblick, in dem das Pferd nachgibt und in die Traversale geht, der innere Schenkel die wichtigste Hilfe ist.

Beginnen Sie die Traversale um den inneren Schenkel.

Kontrollieren Sie die Traversale mit dem inneren Schenkel und dem äußeren Zügel. Versuchen Sie, mit mehr innerem Schenkel an der langen Seite anzukommen. Beenden Sie die Traversale mit mehr innerem als äußerem Schenkel, das beweist die Schwungkraft.

In der Traversale sorgt der innere Schenkel für die Biegung. Erst die Biegung verlangen, dann kommt der äußere Schenkel.

Achten Sie gut auf Ihren inneren Schenkel.

Sie müssen mit dem einen Schenkel berühren und den anderen ruhig halten, sonst verwirren Sie das Pferd.

Wenn Sie mit Schulterherein und Traversale anfangen, müssen Sie immer nur einen Schritt herausreiten, damit das Pferd nicht eilig wird. In den meisten Fällen geht es so, dass wir ständig treiben und nicht immer zur rechten Zeit. Das ist der Grund, warum wir ein ungenügendes Kreuzen der Beine sehen. Wir lassen dem Pferd nicht die Zeit, die Bewegung kadenziert auszuführen.

Das Pferd bewegt sich von links nach rechts, es muss die gleiche Biegung beibehalten, die es im Schulterherein rechts hätte, und es muss nach rechts gebogen vorwärts gehen, die Schultern leicht, ganz leicht vor der Hinterhand als Folge der Aktion des linken, äußeren Zügels. Der rechte, innere Schenkel des Reiters sorgt mit Hilfe eines «nachgebenden» inneren, rechten Zügels für die Aufrechterhaltung des Schwungs und der Biegung. Das Pferd muss während der gesamten Übung den Winkel beibehalten, in dem sie begonnen hat.

Der äußere Schenkel bleibt an derselben Stelle wie im Schulterherein, das heißt, etwas weiter zurück als der innere Schenkel, und kommt zum Einsatz, falls die Hinterhand faul wird und der Schwung verloren geht.

Mit seinem Einsatz am Gurt hat der innere Schenkel eine spasmodische Wirkung, was dem Pferd die Tendenz gibt, seinen Kopf in diese Richtung zu drehen. Der innere Schenkel ist aber nicht nur verantwortlich dafür, die Biegung aufrecht zu erhalten, sondern auch für die Vorwärtsbewegung in der Traversale. Der innere Zügel muss sich leichter anfühlen als der äußere, so dass das Pferd seitwärts weiter ausgreifen kann.

Später kommt es an der langen Seite an, stärker unterstützt durch den äußeren Zügel und den inneren Schenkel. So lernt das Pferd die Traversale, ohne sich zu verwerfen.

Schauen Sie auf den Pferdekopf, ob er gerade ist.

Jedes Mal, wenn das Pferd mit der Hinterhand statt mit den Schultern voraus in die Traversale geht, ist es der Einsatz des äußeren Zügels, in die Richtung der Traversale, der die Schultern vermehrt seitwärts schiebt.

Jedes Mal, wenn sich die Hinterhand nicht aktiv genug seitwärts bewegt, ist es das Öffnen des äußeren Zügels in die Gegenrichtung, was

In der Traversale sorgt der innere Schenkel für die Biegung.

diese Tendenz korrigiert. Der innere Zügel bleibt ruhig und hält in Verbindung mit dem gleichseitigen Schenkel am Gurt die Biegung aufrecht.

Geben Sie wie beim Schulterherein nach zwei oder drei korrekten Schritten in der Traversale gelegentlich die Zügel hin oder traben Sie auf gerader Linie an.

Der Grad der Biegung hängt vom Gebäude ab.

Wenn dem Pferd diese Schritte in der Traversale vertraut sind, fangen Sie an, es in einer Ecke um den inneren Schenkel zu biegen, und verlangen Sie, mit dem Kopf zur Wand, aber mit Blick in Richtung Hufschlag und der Hinterhand weg vom Hufschlag, ein paar Schritte in der Traversale.

Diese Bewegung heißt «Travers». Sobald das Pferd keine Schwierigkeiten mehr damit hat, halten Sie es in der Traversstellung an. Das Pferd bleibt ruhig und rührt sich nicht, und aus dem Halten und mit demselben Winkel reiten Sie im Travers weiter.

Verlangen Sie den Travers manchmal auf der anderen Seite und daher auf der anderen Hand. Achten Sie darauf, dass das Pferd mit der Schulter dicht an der Wand bleibt.

Wenn das Pferd in der Lage ist, in der Traversale im gleichen Winkel und der gleichen Biegung, von der Mittellinie zur langen Seite zurückzukehren, kann man mit der Traversale von der langen Seite zur Mittellinie beginnen und dann geradeaus auf der Mittellinie weitergehen.

Behalten Sie in der Ecke die Biegung bei und reiten Sie so gebogen zwei oder drei Schritte weiter, mit denselben Hilfen und Vorsichtsmaßnahmen wie bei der Traversale von der Mittellinie aus.

Bei all diesen Übungen muss der Reiter sicher sein, dass er nicht nach innen oder außen hängt. Das Gewicht des Reiters muss über der Mittelachse des Pferdes bleiben. Belasten Sie den inneren Gesäßknochen, damit Sie nicht nach außen fallen.

Die Traversale verleiht dem Pferd ein Maximum an Durchlässigkeit und Engagement. Der Grad der Biegung hängt vom Gebäude des Pferdes ab. Je größer das Pferd, desto mehr Biegung ist nötig.

Wenn das Pferd diese verschiedenen Arten der Traversale kennt, verlangt man Handwechsel. Traversale vom Anfang der langen Seite zur Mittellinie und von dort in der Traversale wieder zurück zur selben langen Seite.

In dem Augenblick, in dem die Richtung gewechselt wird, ist es der innere Schenkel, der zuerst aktiv wird, aus zwei Gründen:

Der Einsatz des neuen inneren Schenkels am Gurt entwickelt die neue Biegung und verhindert, dass die Hinterhand zu sehr in die neue Richtung kommt, so dass das Pferd im gleichen Winkel nun in die neue Richtung geht wie zuvor in die alte.

Wie beim Schulterherein kann die Übung, sobald das Pferd sie im Schritt beherrscht, dann auch im Trab geritten werden. Der Trabtakt muss auf dem Zirkel und in Schlangenlinien gefestigt werden, bevor man eine Trabtraversale reitet.

Beginnen Sie die Traversale um den inneren Schenkel.

Will man eine Trabtraversale reiten, fängt man mit Schulterherein an, immer im gleichen Takt. Später reitet man auf dem Zirkel Übergänge vom Schulterherein zu Hinterhand-Herein bzw. Travers, um den Pferderücken lockerer zu machen. Angefangen wird im Schritt. Das sind hervorragende Übungen.

Dass Schulterherein und Traversale zwei verschiedene Übungen sind, habe ich schon gesagt. Ich muss aber hinzufügen, dass häufige Übergänge von der einen zur anderen Übung eine der Grundlagen der guten Dressurausbildung sind, weil sie das Pferd entspannen und aufnahmefähiger machen.

Achten Sie auf den Pferdekopf, ob er gerade ist.

Diese gymnastischen Übungen sind wichtig, und je mehr man sie reitet, desto leichter wird das Pferd und desto besser versammelt es sich.

Bei diesen Übergängen biegt sich das Pferd und richtet sich wieder gerade, ohne an Schwung zu verlieren. Es wechselt von einer Position zur anderen aufgrund von Hilfen, die fast unsichtbar sind, und ohne die Kadenz zu verlieren.

Während der gesamten Ausbildung des Pferdes wird seine Wirbelsäule in ganzer Länge gearbeitet, von zwischen den beiden Ohren bis zum Schweif.

Auge, Maul und Kiefer

Sehr wichtig ist es, das Auge des Pferdes zu beobachten – man muss sich immer sehr ruhig bewegen, um das Pferd nicht zu erschrecken.

Man muss entscheiden, wie viel Entspannung und/oder wie viel Anregung jedes einzelne Pferd braucht.

Tut man von den einen oder dem anderen zu viel, schläft das Pferd entweder ein oder wird gereizt. Reiter dürfen nie vergessen, sorgfältig auf das Pferdeauge mit seinem unterschiedlichen Ausdruck zu achten, diese Zeichen zu lesen und sie zu Hilfe zu nehmen.

Das Pferdemaul

Das Maul ist einer der empfindlichsten Körperteile des Pferdes. Heutzutage glaubt der Reiter, dass das Pferd ausschließlich durch das Engagement der Hinterhand ausgebildet wird und dass dies für ein gutes Maul genügt.

Natürlich müssen wir mit überlegten gymnastischen Übungen die Hinterhand aktivieren. Aber gleichzeitig müssen wir verstehen, wie das Pferdemaul sich bewegt und wie es funktioniert.

Wir müssen uns ansehen, wie dick und wie lang die Laden sind, ob sie knöchern sind oder gut mit Fleisch gepolstert.

Breite und Tiefe des Pferdemauls ansehen, um ein passendes Gebiss auswählen zu können.

In der Tat ist es heute Mode, das Hannoversche Reithalfter sehr tief und sehr eng zu verschnallen, noch bevor man gesehen hat, wie das Maul sich bewegt, und das ist ein Fehler.

Wie bei den Menschen gibt es unter den Pferden solche, die gesprächig sind, und solche, die stumm sind. Wir müssen erkennen, wie oft wir das Pferd «schwatzen» lassen müssen, während es allmählich immer aufmerksamer wird; und dass es, als Folge von Kadenz und Schwung, aufhört zu schwatzen, und sich ruhig in die verschiedenen Bewegungen fügt, die wir von ihm verlangen.

Aber wenn wir ihm das Schwatzen verbieten, was wir natürlich können, indem wir den Nasenriemen enger schnallen, was passiert dann?

Achten Sie bei diesen Biegeübungen darauf, dass das Pferd sich nicht verwirft.

Achten Sie bei diesen Biegeübungen darauf, dass das Pferd sich nicht verwirft.

Das Pferd verkrampft sich im ganzen Kopfbereich, und die Ohrspeicheldrüse kann sich nicht entspannen. Die Halsmuskeln werden steif, und das Pferd versteift sich am ganzen Körper infolge einer allgemeinen Muskelanspannung. Und ignorante Reiter meinen dann: «Nun ist er endlich rund.»

Mit dem stummen Pferd erreichen wir, wenn wir es in Stillschweigen arbeiten, das gleiche Ergebnis.

Warum ist das Pferd stumm? Weil es verkrampft ist. Ein stummes Pferd müssen wir mit geschickten Übungen provozieren, damit es den Unterkiefer entkrampft.

Vergessen Sie nicht, alle Muskeln des Pferdekörpers stehen miteinander in Beziehung.

Wann müssen wir anfangen, auf Kandare mit Unterlegtrense zu reiten?

Das ist eine Frage, die sich viele Reiter stellen. Auch hier gibt es nicht nur ein System.

Es gibt Pferde, die das höchste Niveau erreichen und immer noch nicht mehr als eine Trense oder ein einzelnes Gebiss brauchen. Andere dagegen brauchen viel früher eine Kandare mit Unterlegtrense.

Wir dürfen insbesondere nicht vergessen, dass das Maul, wie das Gehirn, im Kopf liegt.

In den meisten Fällen können klug gewählte Übungen und eine erfahrene Hand das Problem lösen.

Der Unterkiefer des Pferdes

Heutzutage hat ein Reiter, der auf einer Seite Widerstand fühlt, die Tendenz, den Pferdekopf durch Ziehen nach innen zu bringen. Das Pferd folgt dem starken Zug am Zügel mit dem Kopf und scheint nachzugeben, aber dann legt es sich auf den Zügel und hört nicht damit auf.

Das ist ein schlechter Weg, ein schlechtes System, und wenn Sie so weitermachen, macht auch das Pferd so weiter und liegt sein Leben lang auf dem Zügel.

Ein Pferd, das den Unterkiefer fest macht, kann natürlich auch das Gewicht nicht auf die Hinterhand verlagern.

Das Pferd stellen und abkauen lassen.

Unter Zwang, das Gewicht nach hinten zu verlagern, presst es die Hinterhand zusammen, so dass diese sich nicht so beugen kann, wie sie es tun würde, wenn das Pferd leicht im Maul wäre.

Das ist der Grund, warum so viele Reiter Schwierigkeiten mit der Piaffe und der Pirouette haben, weil das Maul zusammengepresst und der Unterkiefer verkrampft ist (Widerstand leistet).

Und wenn er «nachgibt», müssen Sie «nachgeben».

Seitliche Biegearbeit

Die seitliche Biegearbeit im Halten wird «das Pferd stellen und abkauen lassen» genannt.

Vorsichtig ausgeführt, vermittels des Einsatzes von Schenkeln und Sporen, um den Kopf mehr oder weniger seitlich abzustellen, biegt sich je nach Pferd das eine mehr, das andere weniger.

Diese Biegung, die Sie mit einem Zügel erreichen müssen, braucht eine Stellung, aber der Zügel darf nicht straffer sein als der auf der anderen Seite.

Die seitliche Biegung darf erst verlangt werden, wenn Sie das direkte Beugen und Abkauen mit entspanntem Unterkiefer erreicht haben, nie vorher. Das Pferd erreicht dann den Punkt, ohne sich zu verwerfen, sondern gerade, und ohne eine Schulter mehr zu belasten als die andere.

Wenn ein Reiter entweder vom Sattel aus oder zu Fuß das Pferd seitlich abstellt und das Pferd mit den Vorderbeinen seitwärts tritt, ist das nicht korrekt.

Bei dem seitlichen Abstellen muss das Pferd geschlossen stehen, so dass kein Gewicht auf die innere oder äußere Schulter fällt.

Achten Sie bei diesen Biegeübungen darauf, dass das Pferd sich nicht verwirft.

Bei einem ausgebildeten Pferd darf der Hals weder zu steif noch zu weich sein.

Schweifschlagen

Viele Pferde schlagen mit dem Schweif, weil der Reiter den Schenkel oder die Hand nicht korrekt einsetzt, und auch wenn der Reiter schlecht im Sattel sitzt.

Für ein Pferd, das aus einem körperlichen Grund mit dem Schweif schlägt, kommt zuerst der Tierarzt, und danach die sanfte Aufforderung durch den Reiter.

Ich habe viele Pferde viele Lektionen ausführen sehen, die klassisch gewesen wären, wenn die Pferde ruhig geblieben wären, ohne exzessives Schweifschlagen und einen unglücklichen Ausdruck in den Augen.

Solche Übungen können nicht als klassisch eingestuft werden, nur als «gezwungene Aktivität».

Kadenz und Schwung

Was ist Kadenz? Kadenz ist Takt kombiniert mit Energie, mit einer längeren Schwebephase als Resultat.

Dazu gehört ein Muskeltonus, der durch korrekte, verschiedene unterstützende Übungen in der Ausbildung des Pferdes erworben wird.

Wenn das Pferd runder, aufnahmefähiger wird, fällt es ihm leicht, flüssiger, schneller von einer Übung zur anderen zu wechseln, während es anfängt, sich zu versammeln.

Man muss wissen, wie die Kadenz im versammelten Schritt ist, wie die Kadenz im versammelten Trab ist, wie die Kadenz im verstärkten Trab ist.

Genau an diesem Erhalten der richtigen Kadenz in jeder Bewegung liegt es, dass man die Leichtheit bewahrt, das Gewicht auf den Hanken behält und die Versammlung erreicht.

Wenn das Pferd Selbstvertrauen in seiner eigenen Kadenz findet, wenn es sich wohl fühlt, dann können Sie die Bewegung erweitern.

Jedes Mal, wenn der Reiter vergisst, die Kadenz zu kontrollieren, übernimmt das Pferd das Kommando.

Wenn Sie der Beherrscher der Kadenz sind, können Sie alles machen!

Ihr Wunsch muss sein, Ihrem Pferd alle Brillanz zu verleihen, derer es fähig ist.

Entwickeln Sie zuerst guten Schwung, daraus erhält man eine gute Kadenz.

Das Geheimnis ist, dann so wenig wie möglich zu tun, und Ihr Pferd wird sich von selbst in jeder Gangart in guter Kadenz bewegen.

Ohne Kadenz wird das Pferd eilen, rennen, und seine Gänge werden steif sein. Aber in guter Kadenz werden seine Gänge geschmeidig.

Kadenz und Leichtheit gehen verloren, wenn der Reiter all sein Feingefühl verliert und für die Zuschauer reitet, für die Richter, und damit leider aus seinem Pferd eine lebende Statue macht.

Und wenn Sie der Beherrscher der Kadenz sind, können Sie alles machen!

Schwung

Schwung heißt, das Pferd in dem Rahmen zu haben, den Sie haben wollen, und dass es in jedem Augenblick dieselbe Energie zeigt, in der Haltung, die Sie wollen, ohne Unterstützung durch Hilfen, so lange wie möglich.

Schwung ist nicht, was viele Menschen glauben und predigen. Das Pferd in die Anlehnung treiben, und das Pferd wird rund, dynamisch, und das ist alles?

Ein Zeichen von Schwung ist ein ruhiger Kopf.

Spektakuläre Bewegung und Zwang – der Unverständige sagt, dass das Pferd vorwärts geht.

Ein Pferd, das Schwung hat und seine Hinterhand engagiert, findet die Anlehnung selbst.

Sie verlieren den Schwung, weil sich Ihr Körper mehr bewegt als der des Pferdes.

Leichtheit und Versammlung

Für mich persönlich definiert sich Leichtheit dadurch, dass das Pferd folgende Bedingungen akzeptiert: Aktivität der Hinterhand und Geschmeidigkeit im Rücken, was ihm vom Anfang seiner Ausbildung an einen gewissen Grad der Versammlung erlaubt, ohne dass es durch Ziehen nach unten und hinten durch direkte Einwirkung der Reiterhand zum Nachgeben gebracht wird.

Leichtheit kann nur von einem perfekt ausbalancierten Pferd erreicht werden. Das heißt, von einem Pferd, das in seinem eigenen Gleichgewicht arbeitet.

Wenn das Pferd Schwung und Leichtheit entwickelt, entsteht Harmonie zwischen Vorder- und Hinterhand. Das vermehrte Engagement der Hinterhand macht die Vorhand leichter, und Sie können reiten wie ein König, und das Pferd trägt Sie wie einen König.

Für manche Reiter besteht Leichtheit im Gehorsam des Pferdes auf die Schenkelhilfen und auf die Kontrolle durch die Reiterhand, die nur lenkt mit dem Gefühl, dass sie mit dem Pferd spricht.

Wenn ein Pferd leicht ist, beweglich, und die drei Gelenke der Hinterhand korrekt beugt, dann sind die schwierigsten Dressurlektionen nicht mehr schwierig.

Versammlung

Versammlung ist nicht einfach ein Kürzerwerden des Pferdes. Das genügt nicht für die Versammlung. Der Pferderücken muss sich wölben, runden wie ein Katzenbuckel.

Der Reiter muss immer im Kopf haben, dass ein Dressurpferd ausbilden heißt: treiben, annehmen und nachgeben.

- **Treiben – durch sanften Einsatz von Kreuz und Sitz**
- **Annehmen – das Schließen (Beugen) der Finger bei unbewegter Handhaltung, Resultat eines korrekt platzierten Arms und Ellbogens (am Körper), die Biegung in der Taille und die Position der Brust, aber alles ruhig und entspannt.**

- **Nachgeben – wenn die Finger sich etwas entspannen und nachgeben, der Kontakt weicher wird; so erhält das Pferd die vermehrte Energie aufrecht, und die Versammlung bleibt bestehen.**

Das Pferd bleibt dann einige Augenblicke in dieser Versammlung mit dem ganz entspannten Reiter, und so lange, wie es sein Ausbildungsstand zulässt.

Manche Pferde bewegen sich langsamer als andere, und um bei einem Pferd echte Versammlung zu erreichen, muss man es in seiner eigenen Kadenz arbeiten.

Um Versammlung zu erreichen, werden exzessive Kraftanwendung oder stark angespannte Armmuskeln des Reiters dem Pferd niemals Geschmeidigkeit und Brillanz der Bewegung verleihen.

Echte und korrekte Versammlung wird nur erreicht, wenn die Lenden, die Knie- und die Sprunggelenke beweglich werden. Dann kann die Hinterhand das Pferd energisch nach vorn schieben, weil die Schultern leicht und frei werden.

Wenn erreicht ist, dass beide Hinterbeine gleichmäßig arbeiten, kann die Versammlung im Trab entwickelt werden.

Die Kadenz, die Schwebephase dieses Trabs, entwickelt einen harmonischen versammelten Trab, und der Reiter braucht nur noch ein Minimum an leichten Hilfen zu geben.

Schauen Sie sich die gleichen Bewegungen mit einem Reiter an, der mit den Schenkeln klopft und am Zügel zieht, und wir sehen Verspannung, Steifheit und fehlende Harmonie.

Die Entspannung von Schenkel und Reiterhand (*descente de main*) ist der Beweis für echte Versammlung, und diese Versammlung ist die Poesie der Schwungentfaltung.

Wenn das Pferd Schwung und Leichtheit entwickelt, entsteht Harmonie zwischen Vorder- und Hinterhand.

Die Mittellinie

Eine gerade Linie ist eine gerade Linie ist eine gerade Linie.

Unter Zwang geht kein Pferd auf einer geraden Linie.

Auf der Mittellinie achtet der Reiter mehr darauf, sein Pferd ganz gerade zu halten, als an der Bande. Weil der Reiter so auf die Geraderichtung achtet, bleibt das Pferd aufmerksamer und besser an den Hilfen.

Wenn Sie in der Halle oder auf dem Platz reiten, dürfen Sie nie vergessen, viele Male in allen drei Gangarten auf die Mittellinie zu gehen.

Wenn Sie Mitte der kurzen Seite auf die Mittellinie abwenden, müssen Sie dies mit Hilfe des äußeren Zügels um das innere Bein herum tun, so dass das Pferd von Anfang an auf der Mittellinie ganz gerade ist.

Bleibt das Pferd auf der Mittellinie absolut gerade gerichtet unter Beibehaltung seiner Kadenz und Leichtheit, kann es für die Ausbildung des Pferdes besser sein, die ersten Tritte in der Piaffe auf der Mittellinie zu verlangen.

EIN PFERD IST GERADE, ...

- **wenn es auf gerader Linie in seiner Kadenz bleibt.**
- **wenn es auf gerader Linie nicht mehr schwer auf der Hand liegt.**
- **wenn es von der Mittellinie sofort nach rechts oder links auf eine 6-Meter-Volte abwenden kann.**

Die Arbeit auf der Mittellinie wird manchmal von den Reitern vergessen, es ist eine Arbeit, die für die Ausbildung des Pferdes sehr wichtig ist.

Fangen Sie an, Schulterherein auf einem großen Zirkel zu verlangen, dann auf einer Volte und immer mit dem äußeren Zügel, damit Sie das Pferd ganz gerade auf die Mittellinie zurückbringen können.

Eine gerade Linie ist eine gerade Linie ist eine gerade Linie!

Die Pirouetten

Halbe Schrittpirouetten

Wenn das Pferd die vorherigen Übungen Halten und Rückwärtsrichten entspannt ausführt, können Sie mit den halben Schrittpirouetten (Kurzkehrtwendungen, A.d.Ü.) beginnen.

Geben Sie auf der langen Seite eine halbe Parade, treiben, annehmen, nachgeben, und verlagern Sie abwechselnd mit jedem Schritt des Pferdes das Gewicht mit dem Gesäß und den Schenkeldruck von einem Schenkel auf den anderen.

Ist der Reiter nicht hart mit der Hand und blockiert die Vorhand nicht, wird das Pferd eine halbe Schrittpirouette ausführen, ohne die Hinterhand zu blockieren.

Mit halben Schrittpirouetten kann man nur beginnen, wenn man einen korrekten versammelten Schritt reiten kann und dieser versammelte Schritt nicht einfach ein langsamer Schritt ist.

In beiden Pirouetten, im Schritt und im Galopp, bewegt sich die äußere Schulter des Pferdes um die Hinterhand.

Einen Schritt einwirken, einen nachgeben, erlaubt dem Pferd ohne Widerstand herumzutreten.

Galopppirouette

Die Galopppirouette ist ohne Zweifel eine der schwierigsten Lektionen.

Es gibt selten Pferde, die die Pirouette ausführen, ohne dass das ganze Pferd auf und ab schaukelt. In der echten Pirouette bleibt das Pferd rund und leicht.

Damit die Pirouette korrekt ausgeführt wird, muss sie natürlich ganz allmählich vorbereitet werden, und zwar mit Sorgfalt und Achtsamkeit.

Sehr wichtig ist die Aktion des inneren Schenkels, weil er für jedes Viertel der Pirouette verantwortlich ist. Er muss verhindern, dass das Pferd mit den Schultern nach innen fällt, und er muss den Schwung aufrecht erhalten.

Der Reiter sitzt leicht nach innen. Er muss ein bisschen zur Seite und nach hinten schauen, weder zu sehr nach oben noch zu sehr nach unten,

Gibt der Reiter grobe Hilfen, wird die Pirouette nicht gelingen.

Einen Schritt einwirken, einen nachgeben ...

und ohne den Kopf in Richtung der inneren Schulter zu neigen. Der äußere Schenkel liegt ohne Zwang an, so dass das Pferd im entspannten Galopp und absolut gerade in die Pirouette geht. Die Hanken müssen gebeugt sein, das Pferd darf sich aber nicht hinsetzen oder hinkauern.

Laut F.E.I. muss die Pirouette in einem bestimmten Galopp ausgeführt werden, und im selben Galopp muss weitergeritten werden.

Dem stimme ich voll und ganz zu, aber meistens kommen die Reiter in die Pirouette in einem Galopp ohne ausreichende Kadenz und geben viel zu starke Hilfen. Dann verlangen Sie eine Pirouette, in der das Pferd sich hinkauert, und mit einem anderen Galopptakt und einer anderen Mechanik.

Aber wenn er feine und präzise Hilfen gibt, bleibt das Pferd in der Pirouette rund und geschmeidig.

Das Pferd kommt dann mit einem anderen Galopptakt wieder aus der Pirouette heraus.

Wegen dieser Tendenz zu unterschiedlichem Takt rate ich dazu, dem Verkürzen des Galoppsprungs hier mehr Bedeutung beizumessen als in anderen Übungen.

Mit feinen und leichten Hilfen in die Pirouette gehen und in der Pirouette daran arbeiten, die Hand zu entspannen (*descente de main*), um zu verhindern, dass das Pferd mit Kopf und Hals auf und ab schaukelt.

Gibt der Reiter grobe Hilfen, wird die Pirouette nicht gelingen.

Aber wenn der Reiter feine und präzise Hilfen gibt, dann bleibt das Pferd in der Pirouette rund und geschmeidig.

Die Piaffe

Hoch und langsam ausgeführt, ist die Piaffe eine der brillantesten Lektionen, die einem Pferd möglich sind.

Dazu sind nicht alle Pferde in der Lage, aber eine kleine Piaffe, mit schnelleren Tritten, liegt für fast alle Pferde im Bereich des Möglichen.

Eines der größten Geheimnisse, wie man von einem Pferd mit Leichtigkeit die ersten Tritte in der Piaffe erhält, besteht darin, die Formel «vorbereiten und geschehen lassen» nicht zu vergessen. Das bedeutet, dass Energie und Rundheit des Pferdes so ausgeprägt sind, dass, an dem betreffenden Punkt angekommen, die Piaffe möglich wird, indem Sie das Pferd in Ruhe lassen und es so beweglich bleibt.

Diese Formel finden Reiter, die sich nicht dauernd um Leichtheit bemühen, nur sehr schwer. Deshalb bleibt ihnen die Piaffe auch ein Rätsel.

Bei den ersten Versuchen zur Piaffe ist das Allerwichtigste, so klug zu sein, dass Sie aufhören, bevor das Pferd aufhören möchte. Natürlich muss das Pferd lernen, energisch zu piaffieren. Aber es muss im Kopf so ruhig bleiben und vertrauensvoll bleiben, als ob es eine einfache Schrittarbeit ausführen würde.

Mehr oder erhabenere Tritte darf man nur ganz allmählich verlangen.

Wenn man mit der Piaffe anfängt, ist es ein schwerer Fehler und eine kindliche Vorstellung, das Pferd vorwärts zu bringen, indem man aus der Piaffe einen Mitteltrab oder starken Trab verlangt.

Den Wunsch, weiter zu piaffieren, erhält man beim Pferd nur, wenn man es anhält und die Zügel lang lässt, wenn man es aus der Piaffe im Schritt am langen Zügel oder im versammelten Trab entlässt.

Der Einsatz einer langen Peitsche oder zweier Gerten, um die Piaffe zu erhalten, muss mit Takt und äußerstem Feingefühl erfolgen.

Manchmal ist es nicht die Berührung, sondern nur das Geräusch oder die Bewegung der Gerte neben dem Schenkel oder an der Hinterhand, ohne das Pferd zu touchieren, was den Erfolg bringen kann.

Die größte Schwierigkeit, die manche Reiter in der Piaffe haben, liegt immer daran, dass sie mit der Hand nicht leicht genug sind.

Hat das Pferd schon ein wenig an der Hand piaffieren gelernt, wird es unter dem Reiter mit Leichtigkeit piaffieren.

Hoch und langsam ausgeführt, ist die Piaffe eine der brillantesten Lektionen, die einem Pferd möglich sind.

Verleihen Sie dem Pferd allen Glanz, dessen es fähig ist.

Es ist eine Frage der Verbindung von Einsatz der Gerte und Einwirkung Ihres Oberkörpers, Ihrer Hand und Ihrer Schenkel und dem allmählichen Weglassen der Gerte, wenn das Pferd die entsprechenden Hilfen für die Piaffe versteht.

Wenn das Pferd die Piaffe an der Hand nicht kennt, muss man sorgfältig darüber nachdenken, wie man die ersten Tritte verlangen soll, damit das Pferd klar im Kopf bleibt und sich nicht verspannt.

Sonst wird das Pferd die Piaffe immer verspannt und zusammengezogen ausführen, mit dem Bestreben, der Lektion zu entkommen. Damit wird die daraus entstehende Piaffe eher zu einem schlecht vermittelten Trick als zum brillanten Ergebnis von Versammlung.

Ich spreche hier nicht von dem Pferd, das von Natur aus piaffieren kann, das so im Gleichgewicht ist, dass der Reiter, mit Feingefühl und perfekter Koordination, jederzeit und in jeder Stufe der Ausbildung eine Piaffe verlangen kann.

Bei einem Pferd, das sich in der Piaffe verspannt und verkrampft und sich nicht entspannen kann, ist es im Interesse des Pferdes, dass es zuerst passagieren lernt.

Und wenn diese Passage gut etabliert ist, gut kadenziert und durchgehalten, führt man die Passagetritte zurück und erhält eine gute Piaffe.

Sehr wichtig ist, nie zu vergessen, dass sich das Pferd in der Piaffe nicht aufregen darf. Diese Vorsichtsmaßnahme dürfen Sie nie vernachlässigen, damit es im Schritt nicht zu irgendwelchen Taktfehlern kommt.

Verlangen Sie zu Anfang nicht zu viel. Mehr Erhabenheit, mehr Brillanz sollte erst gefordert werden, wenn das Pferd genug Vertrauen hat, innerlich ruhig und entspannt zu bleiben und unabhängig sein Gleichgewicht zu bewahren.

Die Piaffe sollte als gymnastizierende Übung gelehrt werden. Sie verhilft dem Pferd zu Gehorsam auf die Hilfen, so dass es den Wünschen des Reiters willig nachkommt, und trägt dazu bei, dass sich die Bewegungen des Pferdes auf harmonische Weise entwickeln.

Die Passage

Für die Entwicklung der Passage muss zu Anfang diese Passage kurz bleiben und mit gesenkter Hinterhand. Man muss fühlen, dass die Energie aus den gebeugten Hanken nach oben fließt in die aufgerichtete Vorhand und nicht horizontal nach vorn.

Später, wenn das Pferd Vertrauen hat, können Sie eine längere oder kürzere, leichtere Passage verlangen, ohne dass die Versammlung verloren geht.

Leider glauben manche Reiter, die nicht vertraut mit dergleichen sind oder mit geringe Kenntnissen haben, oft, dass längere Tritte, die zu Anfang des Passage-Trainings spektakulärer aussehen, das gewünschte Ergebnis darstellen.

Man sieht das Absenken und Beugen des hinteren Fesselgelenks. Es ist der Beweis, dass das Pferd in der Passage die Hanken gebeugt hält und wirklich versammelt ist.

Die Passage soll erhaben sein, aber wenn die Anforderungen übertrieben werden, geht dies zu Lasten der Schwebephase, und das ist das Resultat von Zwang.

Sie müssen dem Pferd allen Glanz verleihen, zu dem es fähig ist, aber Sie dürfen nie seine Grenzen überschreiten.

Je brillanter das Pferd, desto sanfter die Hilfen.

Halten Sie das Pferd gerade, es darf nicht auf die Vorhand fallen.

Das Pferd muss ruhig, entspannt, gerade, leicht bleiben, gleichmäßig im Takt und in der Schwebephase.

Wenden Sie keinen Zwang an.

Halten Sie an, bevor das Pferd anhalten möchte, und bleiben Sie danach mit lockeren langen Zügeln stehen.

Je brillanter das Pferd, desto sanfter die Hilfen.

Die Pilaren

In der modernen Reiterei geht es auch ohne Pilaren, aber man darf nie vergessen, was die Alten Meister sagten: «Die Pilaren verleihen dem Pferd Feuer.»

Pilaren können dem Pferd bei seiner Piaffe weiterhelfen, wenn es diese bereits in der Bahn, ohne Pilaren, gelernt hat.

Ihr Pferd, das ohne Sattel oder Zaumzeug allein in den Pilaren piaffieren kann, ruhig und ohne sich aufzuregen, wird von selbst immer runder und entwickelt seine Muskulatur «auf gute Weise».

«Die Pilaren verleihen dem Pferd Feuer.»

Pilaren können dem Pferd bei seiner Piaffe weiterhelfen, wenn es diese bereits in der Bahn ohne die Pilaren gelernt hat.

Ich bin absolut dagegen, Pferde ausgebunden in die Pilaren zu stellen. Das ist zu viel Zwang.

Das Pferd, das in den Pilaren ohne Beschränkung durch Ausbindezügel piaffiert, ohne rückwärts zu gehen oder sich in die Zügel zu hängen, mit denen es zwischen den Pilaren befestigt ist, dieses Pferd erarbeitet und entwickelt seine eigenes Gleichgewicht und versammelte Gangarten.

Sobald das Pferd annähernd korrekt in den Pilaren piaffiert, entfällt der Helfer, der vor dem Pferd stand, und wir lassen die Longe weg, die das Pferd am Vortreten hinderte. Wir verwenden nur noch die Leinen, mit denen das Pferd vom Kopfzeug aus an den Pilaren angebunden ist.

Das Pferd soll oft geklopft werden und soll auch längere Zeit stehen bleiben, ohne sich zu rühren.

Statt das Pferd mit der Gerte an der Brust zu touchieren, damit es die Vorderbeine mehr hebt, ist es besser, es mehrfach leicht am Widerrist zu touchieren.

Am Ende jeder Übung führen Sie das Pferd zwei oder drei Mal sehr ruhig und in gerader Linie zwischen den Pilaren hindurch.

Loben Sie häufig.

Kadenz, Raumgriff und Höhe …

Spanischer Schritt

Meiner Ansicht nach ist der Spanische Schritt eine nützliche gymnastische Übung für jedes Pferd. Er macht die Schultern des Pferdes freier.

Man darf allerdings nicht vergessen, dass das Pferd dabei gelassen bleiben muss und dass der Spanische Schritt, wie der normale Schritt, ein Viertakt ist.

… sind die Eigenschaften eines guten Spanischen Schritts.

Meiner Ansicht nach ist der Spanische Schritt für jedes Pferd eine sehr nützliche gymnastische Übung.

Pferde mit hoher Kruppe und wenig Schulterfreiheit profitieren von der gymnastischen Übung des Spanischen Schritts. Anderen Pferden, denen es aufgrund von schlechter Ausbildung an Versammlung mangelt und die mit den Vorderbeinen unterständig stehen, kann ebenfalls geholfen werden.

Kadenz, Raumgriff und Höhe sind die Eigenschaften eines richtig ausgeführten Spanischen Schritts.

Die Reitstunde ist beendet

Meine lieben Freunde ... vielen Dank!

Das Ende der Reitstunde, ... und Nuno Oliveira gab jedem Pferd ein paar Pellets und klopfte ihm den Hals.

Loben … mit viel Liebe

Und danach immer …

… loben, mit viel Liebe.

Der Andrade:
die klassische portugiesische Reitkunst

Manoel Carlos de Andrade
DIE EDLE KUNST DES REITENS

Erklärungen für eine vernunftgemäße Praxis. 668 S. mit 93 Kupfern. Großformat. ISBN 978-3-487-08452-7

Ladenpreis € 148,00

- Noch heute praktizierte Prinzipien der Pferdeausbildung
- Eines der ganz großen Werke der europäischen Reitkultur mit detailgetreuen herausragenden Kupfern

Von Manoel Carlos de Andrade (1755–1817) verfasst, von manchen der Inspiration, wenn nicht gar der Feder des berühmten Marquis von Marialva zugeschrieben, liegt diese Werk nun erstmals in einer anderen europäischen Sprache vor.

Unter der Leitung des Marquis de Marialva erreichten die Portugiesische Hofreitschule und das Hofgestüt Alter do Chão ihren glänzendsten Höhepunkt. Die Arbeitsmethoden bestechen durch psychologische Finesse des logischen Ausbildungsaufbaues, Sanftheit der Vorgehensweise und Verständnis für die Natur des Pferdes. Revolutionär ist der erstmalige Versuch, der Tradition der portugiesischen Reitkunst eine – dem damaligen Stand der Wissenschaften entsprechende – theoretische Untermauerung zu geben. Dieses tiefschürfende Werk ist weit mehr als ein Referenzwerk, ist nicht altertümlich, sondern immer zeitgerecht für jene, die den Werten der Reitkunst Bedeutung zumessen.

Es ist in der Tat ein Buch der Inspiration.

Bitte fordern sie auch unsere Kataloge DOCUMENTA HIPPOLOGICA mit weiteren Standardwerken der Reitkunst an.

Georg Olms Verlag · Hagentorwall 7 · D-31134 Hildesheim
Tel.: 05121-15010 · Fax: 05121-150150 · sales@olms.de
Onlineshop: www.olms.de

Aus dem Englischen übersetzt von Sigrid Eicher.
Titel der Originalausgabe: The Truth in the Teaching of Nuno Oliveira. © Eleanor Russell, 2001.
Originalverlag: Eleanor Russell, Beltana, 3808 Texas Rd., Stanthorpe, Australia 4380,
www.nunobook.com, info@nunobook.com.

Titelmotiv:
Balet, 3-jährig, im Schulterherein © Eleanor Russell, www.nunobook.com

Bibliografische Information Der Deutschen Nationalbibliothek
Die Deutsche Nationalbibliothek verzeichnet diese Publikation
in der Deutschen Nationalbibliografie; detaillierte bibliografische Daten sind im Internet
über *http://dnb.d-nb.de* abrufbar.

Printed by Graspo, Czech Republic.
Gedruckt auf säurefreiem und alterungsbeständigem Papier.
Umschlagentwurf: Inga Günther
Gestaltung und Produktion:
Weiß-Freiburg GmbH, Graphik & Buchgestaltung

ISBN 978-3-487-08470-1
ISSN 0175-9108